别让情绪打败你

如何在职场中管理好情绪

杨光 著

中国华侨出版社

图书在版编目（CIP）数据

别让情绪打败你：如何在职场中管理好情绪 / 杨光著 .—北京：中国华侨出版社，2017.10
 ISBN 978-7-5113-7043-3

Ⅰ.①别… Ⅱ.①杨… Ⅲ.①情绪—自我控制—通俗读物 Ⅳ.① B842.6-49

中国版本图书馆 CIP 数据核字（2017）第 220227 号

别让情绪打败你：如何在职场中管理好情绪

著　　者 / 杨　光
责任编辑 / 桑梦娟
责任校对 / 高晓华
经　　销 / 新华书店
开　　本 / 880 毫米 ×1230 毫米　1/32　印张 / 9　字数 /230 千字
印　　刷 / 三河市华润印刷有限公司
版　　次 / 2017 年 10 月第 1 版　2017 年 10 月第 1 次印刷
书　　号 / ISBN 978-7-5113-7043-3
定　　价 / 36.00 元

中国华侨出版社　北京市朝阳区静安里 26 号通成达大厦 3 层　邮编：100028
法律顾问：陈鹰律师事务所
编辑部：（010）64443056　　64443979
发行部：（010）64443051　　传真：（010）64439708
网　　址：www.oveaschin.com
E-mail：oveaschin@sina.com

前言

年轻的亨利·福特是一个修车工人，有一天他来到一家高级餐厅吃饭。有一个服务员很不情愿地走到他身边，把菜单扔给他，并用轻蔑的口气对他说："你就看第一页的菜单就行了，后面昂贵的菜单你就不必看了！"

这话让福特异常惊愕，他望着服务员满脸的不屑表情，一时间怒火中烧，正想发作，但转念又一想，也不能怪人家看不起自己，自己本来就是个穷酸的工人，怎么配到这么高级的餐厅吃饭呢？于是，福特只点了一份简餐。

从餐厅离开以后，福特心中似乎有了一种力量："我要成为社会中顶尖的人物！"最终，这个平凡的修车工人，成了叱咤风云的汽车大王。

人生犹如跌宕起伏的海洋，人就是那航海的船，如何才能避免"船毁人亡"，更顺利地驶向远方，到达自己理想的彼岸？前提是我们能及时调整帆的方向！而情绪无疑就是船上的帆，在船即将发生危险的时候，迅速转变帆的方向——1分钟转化自己的情绪，船就会向正确的航向行驶，而我们的人生才能达到理想的状态！这也是福特的故事给我们的启示！

英国诗人约翰·米尔顿说："在成功的路上，最大的敌人其实并不是缺少机会，或是资历浅薄，成功的最大敌人是缺乏对自己情绪的控制。愤怒时，不能制怒，使周围的合作者望而却步；消沉时，放纵自己的萎靡，把许多稍纵即逝的机会白白浪费。一个人如果能够控制自己的激情、欲望和恐惧，那他就胜过国王。"

米尔顿的话，再一次告诉我们转化情绪的重要性！

我们每一次遭遇的不如意，每一次因此产生的痛苦情绪，都是带来更大收获的种子，把它埋入我们充满潜能的内心中，将它化为激励自己的能量，激励我们走向成功。

然而，并不是每个人都善于转化自己的情绪，有些人在追逐成功的路上烦恼忧愁、满心伤痕、痛苦不堪，却找不到转化情绪的方式、排解痛苦的方法，因此他们失去了拥有正能量的机会，与成功失之交臂。

当今社会，人们的物质生活极其丰富，精神生活异彩纷呈，但人们的情绪却一天比一天暴躁，压力一天比一天大，人们对自己、对他人、对社会越来越不满足，这众多的负面情绪影响了我们的生活和工作，降低了我们的生活品质。

所以，找到转化自己坏情绪的方法便迫在眉睫。

本书立足于此，从理论和实践两方面，来介绍什么是情绪，如何觉察自己的情绪，情绪从何而来，以及如何转化自己的情绪，领导、员工、消费者如何管理自己的情绪等，让读者无论身处哪个阶层，都能轻松发现自己的问题。同时，本书通过深入浅出的理论、真实生动的场景再现、具体的方法技巧，使所谓的"坏情绪"，在1分钟内就可轻松化解。

如果您还在为自己的坏情绪烦恼，那么，本书是您将坏情绪转化为正能量的契机！还犹豫什么，让我们赶快打开本书，走进熟悉而又陌生的情绪世界，学习1分钟转化坏情绪的方法，寻找属于自己的正能量吧！

目录
contents

上篇 理论篇
情绪从何而来，因何而去

第一个要义 觉察自己当下的情绪，承认它、接纳它
- ◎ 走进熟悉而又陌生的情绪 / 003
- ◎ 探寻与发现：情绪的意义 / 006
- ◎ 破解情绪的"达·芬奇密码" / 008
- ◎ 情绪就像潮汐，也有周期性 / 010
- ◎ 情绪也有各种奇怪的表情 / 013
- ◎ 你的情绪，要悉数了解 / 016
- ◎ 了解情绪，更要学会观察情绪 / 019
- ◎ 坏情绪会让生活一团糟 / 021
- ◎ 善于调节情绪才会有幸福人生 / 024
- ◎ 情绪只能承认和接纳 / 026
- ◎ 你会正确对待自己的情绪吗 / 029

第二个要义　了解自己的情绪从何而来

- ◎ 情绪总有产生的根源 / 032
- ◎ 坏情绪来自于对事物不合理的认知 / 035
- ◎ 情绪来源于生活 / 037
- ◎ 对坏情绪的不合理认知 / 039
- ◎ 坏情绪来自于坏心态 / 042
- ◎ 坏情绪是如何传染的 / 045
- ◎ 你的情绪来自于哪里 / 048

第三个要义　尝试着以适当的方式来表达情绪

- ◎ 有情绪不是什么大事儿 / 052
- ◎ 莫让坏情绪的洪水淹没我们 / 055
- ◎ 控制情绪不是不表达情绪 / 057
- ◎ 表达情绪要找到适当的方式 / 059
- ◎ 如何有效地表达自己的情绪 / 062
- ◎ 摒弃不适当的表达方式 / 065
- ◎ 表达情绪不能伤害他人 / 068
- ◎ 表达情绪要避免"情绪化" / 071
- ◎ 表达情绪的合理时机 / 074
- ◎ 表达情绪应该是互相的表达 / 077
- ◎ 表达情绪的五个层次 / 079

第四个要义　疏导、缓解内心积累的不良情绪

- ◎ 莫让坏情绪"塞车" / 083
- ◎ 倾诉是最好的方法 / 086
- ◎ 让坏情绪在适度的牢骚中溜走 / 089
- ◎ "一声叹息"赶走坏情绪 / 091
- ◎ 用哭泣来释放坏情绪 / 093
- ◎ 笑一笑，烦恼少 / 096
- ◎ 不舒服时写出来 / 098
- ◎ 音乐的舒缓作用 / 101
- ◎ 更多放松心情的艺术形式 / 103
- ◎ 在大自然中放飞心情 / 105
- ◎ SPA的减压效果 / 108
- ◎ 调节情绪的其他方法 / 111
- ◎ 用错方式，适得其反 / 114
- ◎ 用正面的心理暗示法赶走坏情绪 / 116
- ◎ 用心理补偿调节情绪 / 120
- ◎ 试试慢节奏的生活 / 123
- ◎ 学会给生活做减法 / 126
- ◎ 懂得遗忘才会释然 / 129

下篇 实践篇
控制情绪才能控制局势

第一种实践　对待下属的情绪管理技巧

◎ 找到合适的人才能分担你的压力 / 135

◎ 如何面对做错事的下属 / 139

◎ 如何面对"不成器"的员工 / 142

◎ 收敛自己的情绪，释放员工的情绪 / 144

◎ 别习惯在事后发脾气 / 147

◎ 越懂放权，越轻松 / 150

◎ 化繁为简，抓大放小 / 153

◎ 有不怕"后浪超前浪"的胸怀 / 156

◎ 如何化解瓶颈期的焦虑 / 159

◎ 别纠结自己该打工还是创业 / 163

◎ 如何应对年龄恐慌 / 165

◎ 学会在进退之间游刃有余 / 168

第二种实践　对待工作与同事的情绪管理技巧

◎ 初入职场，如何缓解紧张情绪 / 171

◎ "低就"未必低人一等 / 175

◎ 找到属于你的"位置" / 178

- ◎ 端正你的"位置"心态 / 181
- ◎ 明白工作的意义不只是薪水 / 183
- ◎ 牢骚是职场的大忌 / 186
- ◎ 长时间止步不前，不必太郁闷 / 189
- ◎ 豁达地看待比你强的同事 / 192
- ◎ 学会消化和同事之间的矛盾 / 195
- ◎ 学会和难以相处的同事相处 / 198
- ◎ 学会消解与上司之间的矛盾 / 201
- ◎ 莫把生活中的情绪带到工作中来 / 203
- ◎ 如何缓解加班焦虑症 / 206
- ◎ 用平和的心态对待工作得失 / 209

第三种实践　推销与消费的情绪管理技巧

- ◎ 让顾客顺心，你才能舒心 / 213
- ◎ 学会承受与化解客户的刁难 / 216
- ◎ 在客户面前控制好情绪 / 219
- ◎ 自尊心别太强，才不会在客户面前情绪失控 / 221
- ◎ 妥善表达坏情绪 / 223
- ◎ 买了令自己后悔的东西，要学会处理自己的坏情绪 / 227
- ◎ 比较出来的"选择恐惧症" / 230
- ◎ 消费环境好，心情也会好一些 / 232

- ◎ 对经营者的小错误不必耿耿于怀 / 235
- ◎ 购物时间过长，只会让你的情绪更糟 / 238
- ◎ 拒绝令你不舒服的服务 / 240
- ◎ 不要把你的坏情绪发泄在经营者身上 / 243

第四种实践　永远带着正能量来工作

- ◎ 将空虚化为充实自我的正能量 / 246
- ◎ 将生气化为追求成就的正能量 / 249
- ◎ 将失望化为选择合理目标的正能量 / 252
- ◎ 将紧张化为提高工作效率的正能量 / 255
- ◎ 将自卑化为拼搏的正能量 / 258
- ◎ 将忌妒转化为超越他人的正能量 / 261
- ◎ 将恐惧化为积极上进的正能量 / 263
- ◎ 将焦虑化为改变的正能量 / 266
- ◎ 将压力化为动力的正能量 / 269
- ◎ 将消沉转化为奋斗的正能量 / 271
- ◎ 将痛苦化为"涅槃重生"的正能量 / 273

情绪从何而来，因何而去

上篇 —— 理论篇

情绪，每天和我们如影随形，却又让我们无从把握。面对自己或他人的情绪，我们常常惶恐不安、不知所措。为什么我们会有情绪？它究竟是如何产生的，又是怎样消失的？内心压抑的情绪又该如何宣泄和排解？现在，就让我们一一解开这诸多的情绪困惑。

第一个要义

觉察自己当下的情绪,承认它、接纳它

"我没有情绪,我很好!"这是你面对自己情绪的态度吗?如果不承认、不接纳自己的情绪,又何谈转化自己的情绪?想承认和接纳自己的情绪,就必须先了解什么是情绪,如何觉察自己的情绪及识别他人的情绪。不知道这些的人,"1分钟转化自己的情绪"就只能是妄想。

◎ 走进熟悉而又陌生的情绪

提起情绪,或许你会说:这一点都不神秘!喜、怒、哀、乐、忧、思、悲、恐,我们每天都被各种各样的情绪包围。但若问起究竟什么是情绪,又很少有人答得上来。人人都有情绪,有些人甚至有过刻骨铭心的情绪体验,但却无法给情绪下一个准确的定义。

让我们来看看下面这位朋友的日记,一起来了解什么是情绪。

今天早上醒来,情绪特别地低落,吃着早饭,眼眶里泪水止不住地打转,悄然间滑落,跌落在碗里。饭在嘴里,却难以下咽,昨晚你刺耳的话语还回荡在耳边。

出门前,看了一眼手机,有一条未读的短信,你的寥寥数语却又让我不知所措。昨天晚上我们的情绪都太激动,我知道我有些话

伤了你，可是你何尝没有伤我。为什么我们彼此都这么敏感？

来到公司，我却没一点儿心情工作，什么也不想干。打开空间，想写些东西，最近我都是用这种方式来排遣情绪。可是还没写两句，眼泪又不争气地涌了上来。

我关掉空间，想去趟洗手间，却不小心一头扎进了男厕所，吓得我心惊肉跳。情绪坏到这种状态，还从来没有过。

从来都不认为自己是脆弱的，再难再苦再累，我都没有流泪；即使高考落败、工作受挫、理想破灭，我也没有这般难过。但，我就是受不了最亲的人的指责！

下午要出去做调研，也好，借此出去放松一下，调整调整情绪。什么时候我才能变得更简单一点、更纯粹一点、更淡然一点，但我实在是难以、难以做到啊！

这位朋友的情绪可谓是糟糕透了，从她的描述来看，她似乎很坚强，但似乎又很脆弱；她在不停地和自己对话，以此来缓解自己的情绪，她渴望调节自己的情绪，但一时又难以做到。

其实，情绪就是这样的，看似简单和习以为常，实际却非常复杂和难以捉摸。看看古人的描写就知道了："采菊东篱下，悠然见南山"，这是欢快的情绪；"蜡烛有心还惜别，替人垂泪到天明"，这是伤感的情绪。

对同一件事情，即便是同一个人，在不同的境遇下喝酒，产生的情绪也会大相径庭："呼儿将出换美酒，与尔同销万古愁"，是愉快的情绪；"酒入愁肠，化作相思泪"，是不愉快的情绪。

鉴于情绪的复杂性，心理学家给情绪下了这样的定义：情绪是人对客观事物态度的体验，是人的需要获得满足与否的反映。情绪是一种复杂的心理现象，是内心的感受经由身体表达出来的状态。

我国古代有喜、怒、忧、思、悲、恐、惊的七情说，美国心理学家普拉切克提出了八种基本情绪理论：悲痛、恐惧、惊奇、接受、狂喜、狂怒、警惕、憎根。心理学家比较认同的人类的四种基本情绪是：快乐、愤怒、恐惧和悲哀。

从这几种说法来看，人类不愉快的情绪更多。就连中国的古诗词，更多的也是充满哀伤的词句，而欢快的词句却是少之又少。为什么会这样呢？这就要从情绪产生的基础来说明。

情绪产生的基础是需要，凡是能满足自己的需要或能促进这种需要得到满足的事物，便会引起我们愉快的情绪；相反，凡是不能满足这种需要或可能妨碍这种需要得到满足的事物，便会引起我们不愉快的情绪。而人性的本质是贪婪的、不易得到满足的，所以，不愉快的情绪总是那么多。

也正因为事物是复杂的，人的需要也是复杂的，而事物与人的需要的关系更复杂。所以，一件事情可以同时让人悲又让人喜，有些事情甚至能引起人们很复杂的、自相矛盾的情绪，所谓悲喜交加、百感交集、啼笑皆非，正是如此。这也从理论上说明了情绪的复杂性。

情绪还有其延伸内涵：第一，泛指感情、心情；第二指心境，例如，他的母亲去世了，他这段时间情绪都不太好，指的就是心境；第三指劲头，"今天工作情绪不错"，指的就是工作很有劲头；第四指不正当或不愉快的情感，也可以称为负面情绪或者坏情绪。我们常常说人"闹情绪"，闹的多是负面情绪。

除此之外，根据情绪发生的强弱程度和持续时间长短，又可将情绪分为几种状态：心境（比较微弱但持久的情绪状态）、激情（迅速强烈地爆发但时间短暂的情绪状态）、应激（出乎意料的情况下引起的情绪状态）等几种情绪状态。

看到这里，或许有人会大发感慨：原来，我对情绪所知甚少。正因如此，我们才有必要一起来学习和探讨有关情绪的更多内容。

◎ 探寻与发现：情绪的意义

揭开了情绪神秘的面纱，我们对情绪有了更多的认知，接下来我们将对情绪做更深入的探寻。也许你会疑惑，对情绪有个大概的了解就够了，有必要了解得这么深入吗？要回答这个问题，我们先来看一个实验：

古代阿拉伯学者阿维森纳，曾把一胎所生的两只小羊放在不同的环境中生活：一只小羊随羊群在草地上快乐地生活；而在另一只小羊旁边拴了一只狼，这只狼不断地攻击、威胁这只小羊，在极度的恐惧下，小羊吃不下任何东西，不久就死去了。

还有一个实验：

心理学家把一只饥饿的狗关在一个铁笼子里，笼子外面另一只狗当着它的面吃肉骨头，笼内的狗变得急躁、气愤和忌妒，在这些负面情绪状态下，笼子里的狗产生了神经症性的病态反应。

这两个实验告诉我们：负面情绪有强大的破坏性作用，长期被这种情绪困扰，会导致身心疾病的发生。情绪对动物的影响尚且如此，对头脑高度发达的人类来说，影响力可想而知。

既然负面情绪对人的身心有这么大的破坏作用，我们就必须找到合适的方法来避免负面情绪对我们的侵害。事实上，负面情绪对人的身心并非只有破坏作用，合理的负面情绪可以使人规避危险，保证自身的安全。例如，对未来恐惧，我们就不会盲目地冒险。

我们探寻情绪的目的并非只是为了了解情绪是什么，更是为了学习和掌握如何利用正面情绪、规避或释放负面情绪、化负面情绪为正能量。这才是探寻情绪的真正意义。只有掌握了更多情绪的内在规律，才能真正地实现这一目的，既让情绪为我所用，并助我们拥有一个快乐、成功的人生。

探索情绪对我们的生活具体有以下三点积极意义：

1. 通过情绪可认识他人

我们说过，情绪是一种复杂的心理体现，是一个人心境、情感等的外在反应，它真实地反映了一个人内心的信念与价值观。所以，通过观察一个人的情绪，我们可以对这个人有更多的了解和认知，知道如何与之相处，使彼此的关系更和谐。

2. 善于利用情绪的人，人生更容易幸福

既然情绪的作用有积极的和消极的，那我们就应该化消极为积极，让积极更积极，也就是说，让情绪为我们服务，让我们成为情绪的主人而非奴隶。

对于积极的情绪，人们只要自然地追随它的脚步，就可以对我们起到良好的促进作用；而比较有难度的，则是如何与负面情绪相处。可以这么说，人的一生就是一部同消极情绪作斗争的历史。你克服了消极情绪对你的影响，你的人生便更容易成功和幸福；反之，你若被负面情绪牵着鼻子走，那么你的结果很可能就像实验里那只小羊和小狗一样，会活得非常痛苦和失败。

3. 每一种情绪，都让我们变得更好

人生中的每一件事都是我们使人生变得更好的机会，情绪也不例外。每一种情绪都有其意义和价值，不是指引我们一个方向，就是给我们一分力量，甚至两者兼具。想想看，如果不是被人看低令

你郁闷，你怎会奋发向上改变自己？如果不是被失败的痛苦折磨，你怎会化悲痛为力量，再次寻找成功的机会？如果不曾战胜过恐惧，你岂不是永远脆弱？

能战胜消极情绪的人，一定是克服了自己身上很多缺点和弱点的人，自己会因此变得更完善。战胜了悲观，你就变得乐观；战胜了愤怒，你就变得平和；战胜了恐惧，你就变得勇敢。当你身上的正面情绪越来越多，你的能量也越来越大，做事情自然就更容易成功！

◎ 破解情绪的"达·芬奇密码"

关于情绪，不但普通人认识肤浅、概念模糊，就连很多心理学家对情绪的定义和分类都没有统一的定论。在情绪的这个箱子里，究竟收藏了多少还未被我们知晓的东西？今天就让我们一起来破解情绪的密码，打开情绪的密码箱。

童童在和妈妈看电视，电视剧里的人正在一边哭一边摔东西。童童问："妈妈，他怎么哭了，还在摔东西？"

"哦，他在发脾气，他情绪不好。"

过了一会儿，电视剧里的这个人又笑了，童童对妈妈说："妈妈，他又笑了。"

"嗯，他情绪过去了，现在心情变好了。"

"妈妈，为什么他情绪一会儿好，一会儿不好啊？"

"情绪就是这样，有时候来得快去得也快，情绪是很短暂的。"

过了几天，童童的妈妈和爸爸吵架了，爸爸好几天都没跟妈妈说话。童童问妈妈："妈妈，为什么爸爸不和你说话？"

妈妈生气地说："哼！你爸爸在和妈妈闹情绪。"

"妈妈，为什么哭是闹情绪，笑是闹情绪，不说话也是闹情绪呢？"童童弄不明白了。

"嗯，情绪就是这样，有很多种表现，是很复杂的。你慢慢就知道了。"

的确，情绪是复杂的，并有多种表现形式。这一点，通过情绪的定义我们就可以得知：情绪是一种复杂的心理现象，是内心的感受经由身体表达出来的状态。我们来拆分这个定义：首先，情绪是一种情感体验；其次，情绪有其外在表现形式；再次，情绪的这种表现形式有它独有的特点。

既然情绪是一种心理现象和情感体验，那么情绪与心理、情感、心态、感觉等是分不开的，但同时又有区别。情感、心态等与人的社会性需要相联系，具有稳定性、持久性、隐藏性，不一定有明显的外部表现；情绪与人的自然性需要相联系，具有情景性、暂时性、短促性，有明显的外部表现。情感的产生伴随着情绪反应，而情绪的变化也受情感的控制。情感、心态等决定情绪，情绪是情感、心态的外在表现。

情绪的外部表现形式有哪些呢？这个问题，当代心理学家已达成了初步的共识：

第一，主观感受。没有感受就不可能有情绪，当客观事物满足或者不能满足人们的需要时，人们就会产生正面或者负面的情绪。

第二，表情变化。我们从何得知某人有了情绪，看他的表情就知道了。表情变化又分为面部表情、姿态表情和声音表情。例如，快乐时，会眉开眼笑；愤怒时，会怒目圆睁；悲伤时，会痛哭流涕；烦躁时，会坐立不安；生气时，会怒吼；失望时，会深深地叹息。

第三,生理变化。伴随着主观感受和表情变化,生理也在发生着变化。如满意、愉快时心跳正常;而恐惧或暴怒时,心跳加速,血压升高,呼吸加快等。同时自主神经系统和分泌系统都在发生着变化。

第四,行为冲动。情绪的变化会引发一系列的行为:感到快乐幸福时,会不由自主地拥抱他人,所做的一切行为和事情也能给他人带来快乐。而负面情绪来临时则会拍桌子、摔东西、打人等,在过激的情况下,还会发生犯罪行为。

根据以上的种种,我们可以总结出情绪的诸多特点:

第一,情绪无所谓对错。情绪本身没有对错,只有当人无法驾驭情绪的时候,才会出现错误的情绪——坏情绪。

第二,情绪的短暂性。与情感和心态比起来,情绪具有短暂性,即受到外部的刺激,会在瞬间爆发。

第三,情绪具有夸大性。人们常常会表现出与事实有距离的情绪,特别是负面情绪,为了表达自己的不满,引起他人的重视,我们常常会夸大其词,放大自己的感受。

◎ 情绪就像潮汐,也有周期性

大海有潮汐,月亮有盈亏,一年有四季轮回,人的情绪也有周期。所谓"情绪周期",是指一个人在情绪激昂和低落的交替过程所经历的时间,它反映了人们情绪的周期性张弛规律。

科学研究表明,人的情绪周期一般为28天,每个周期的前一半时间为"高潮期"。在这个时期,人们会表现出强烈的生命活力,待人和善，感情充沛，做事认真，容易听取别人的意见，常常会感觉心旷神怡。

后一半时间则为"低潮期"，处于情绪周期的低潮，则容易焦躁和发脾气，易产生抵抗情绪，喜怒无常，常常会感到孤独与失落。高低潮之间为"临界期"，临界期的情绪很不稳定。

小杨发现，自己的老公这几天不知道怎么了，每天也不怎么说话，对自己好像也很冷淡，总是躲在一旁看书、上网。有时小杨忍不住去接近他，老公就很不耐烦地对她说："一边去。"

小杨感到莫名其妙，跟自己的朋友抱怨说："我丈夫哪里都好，就是有时候会无缘无故发脾气。奇怪的是每到月底基本上都会这样，也不知道是怎么回事。"

小杨之所以会有这样的抱怨，是因为她不知道人有情绪周期。小杨老公的表现，正是男性的情绪周期处于低潮期的一种表现。

也许你会问，我怎么知道我的情绪周期是哪些天呢？我在情绪周期内有什么样的情绪变化呢？其实，这些我们都可以测试出来。

我们来做这样一个实验：任选一年中的某个月，纵列为日期，横排为不同的情绪指数，包括兴高采烈、愉悦快乐、感觉不错、平平常常、感觉欠佳、伤心难过、焦虑沮丧。每天晚上想一想我今天是什么情绪，并在相应的一栏打钩。

下个月后再做同样的实验，你会发现，在每个月的某几天，你的情绪基本一致。这就是你的情绪规律。

那么，测试自己的情绪周期有什么意义呢？这是为了便于控制你的情绪和了解他人的情绪。哪几天是你的情绪高潮期，你就要小心不要过于兴奋，不要轻易许诺，凡事三思而后行；哪几天是你的情绪低潮期，你就要给自己一些心理暗示：不要发脾气，不要冲动，不要太失落，相信一切都会好起来。

而了解他人的情绪周期，会帮助我们更好地理解他人。当他人对我们发脾气的时候，我们就会这样对自己说："不用和他生气，他只不过是处于情绪低潮期而已。"

情绪周期是我们情绪的晴雨表，我们可以据此安排自己的工作：情绪高涨的时候，可以安排一些难度大、较烦琐的工作；而在情绪低落时，要多出去散散心，参加一些娱乐活动，多和朋友聊聊天，以寻求心理上的支持，从而安全地度过情绪低潮期。

在遇到低潮期和临界期时，我们要提高警惕，运用意志力加强自我控制，也可以把自己的情绪周期告知最亲密的人，一方面能让他们鼓励你，帮助你克服不良情绪，另一方面也避免不良情绪给你们之间带来不愉快。

下面我们来了解一下男性的情绪周期和女性的情绪周期：

1. 男性的情绪周期

很多人觉得，男人好像没什么情绪，其实，这是因为男人的情绪比较隐蔽。如果你留心观察身边的男士，你会发现他们总是在某段时间心情烦闷，这就是到了他们心理上呈周期性的"情绪低潮"现象，这是由人的生物属性决定的。

如果你不了解身边男士的这一特点，就会在这个时候觉得很委屈：我又没有惹你，你为什么要冲我发火？其实，这个时候你应该理解和关心他，帮他疏导不好的情绪，而不是给他施加压力。

2. 女性的情绪周期

女性的情绪周期，是随着女性的生理周期一起变化的。所以，女性朋友在自己的生理周期来临的时候，就要提醒自己不要轻易忧郁、焦躁不安、发脾气，这样，就可以帮助自己舒缓情绪，冷静平和下来，比较平稳地度过这几天。

除了了解自己的情绪周期，还要尝试去了解亲友、同事、客户的情绪周期，这会对你的生活和工作有很大的帮助。例如，你和一个客户谈业务，客户可能表现得很没兴趣，这个时候千万别放弃，等过几天再去找他，对方也许就会变得开心起来，就会极有兴趣地听你的建议。

◎ 情绪也有各种奇怪的表情

情绪还有表情？当然！不然，我们从哪里解读一个人的喜怒哀乐？我们不可能进入他人的内心，只能通过听其言、观其行，看其面部表情来窥探他人的心理变化。

同样一句话或一种行为，配以不同的情绪表情，表达的就是不同的情绪。例如，你把一本书轻轻地放在桌子上，表达的是平静的情绪；而把这本书重重地摔在桌上，表达的就是生气的情绪。

所谓的"言外之意""弦外之音"若没有情绪表情的辅助，我们根本无法识别。所以，表情比言语更能显示情绪的真实性。而很多时候，一个人不经意的动作就暴露了他的情绪。

陈辉越来越佩服他老婆了，因为老婆就像他肚子里的蛔虫，他的任何想法都逃不过老婆的眼睛。

周末，陈辉想和一帮老同学聚一聚，但怕老婆不让他去，就打电话告诉老婆说他晚上要加班，可能回家会很晚。老婆没有多问什么，只是叮嘱他不要太累了。

这天晚上，陈辉和老同学玩得非常尽兴。为了回去好交代，陈辉忍着没喝一滴酒。晚上11点多钟，陈辉十分仔细地检查了全身，保证没留下任何蛛丝马迹,这才悄悄走进家门。

老婆看到他回来,关切地问:"累不累啊,吃过饭了吗?"

陈辉故作镇静地说:"好累啊,我不想吃饭,只想马上睡觉……"

"哦,那在睡觉前是不是得先交代今天晚上去哪儿了?"妻子看着他问道。

"我……没有去哪儿啊,我就是在……加班啊。"陈辉慌慌张张地想掩饰。

"那好吧,我明天打电话到你们单位问问吧!"

陈辉一看这样,只好老实交代了,但他疑惑地问:"你怎么知道我没加班呢?"

妻子微微一笑,说:"我一看你摸鼻子,就知道你心虚、紧张,肯定是在说谎。"

一个细微的动作暴露了陈辉的情绪,这就是情绪表情的作用。情绪若没有表情,我们根本无从得知对方有没有情绪,了解他人也就少了一个很重要的途径。而情绪的表情是非常复杂的,很多人都不了解情绪的表情,因而也无法识别他人的情绪,那么在和他人交往中就会出现障碍。

所以,了解情绪的各种表情就变得尤为重要。情绪的表情可以分为以下三种:

1. 语调表情

语调表情是指通过说话的声调和节奏变化来表达情绪,如语音的高低、强弱、快慢等。例如,人们惊恐时尖叫;悲哀时声调低沉,节奏缓慢;气愤时声高,节奏变快;爱慕时语调柔软且有节奏。

语言是我们每天都要使用的交流工具,我们在发出声音的同时会掺入自己的感情,即便有时强力伪装,也仍然会把自己的内心世界悄悄地暴露给别人。所以我们在观察他人时,可以通过对方说话的语调，来推测对方是激动、开心，还是恐惧、悲哀。

2. 面部表情

面部表情很容易理解，因为我们每天都在使用。如眉开眼笑、怒目而视、愁眉苦脸、面红耳赤、泪流满面等。面部表情是人类情绪表达的基本方式，同一种面部表情会被不同文化背景下的人们共同承认和使用，以表达相同的情绪体验。如快乐、惊讶、生气、厌恶、害怕、悲伤和轻视，全世界的人都能精确辨认这七种基本的情绪表情。

3. 身体表情

身体表情是指由人的身体姿态、动作变化来表达情绪。如高兴时手舞足蹈，悲痛时捶胸顿足，成功时趾高气扬，失败时垂头丧气，紧张时坐立不安，献媚时卑躬屈膝等。

手势表情也属于身体表情的一种，对此，弗洛伊德曾有过这样的描述："凡人皆无法隐瞒私情，尽管他的嘴可以保持缄默，但他的手指却会多嘴多舌。"一个动作竟然会暴露人的情绪，真有些不可思议。

美国科学家发现：当人撒谎时，紧张情绪会使鼻腔细胞组织充血，鼻子便会随之变大，虽然并不明显，但撒谎者会因轻微的瘙痒不自觉地去摸自己的鼻子。这就是陈辉为什么会被老婆识破自己在撒谎的秘密所在。

在日常生活中，不同的身体表情表达着不同的情绪：指手画脚的人，一般情绪容易冲动；喜欢把手指关节弄得"啪啪"响的人，内心充满对未来事物的恐惧情绪；喜欢抓头发的人，此时情绪正处于不稳定状态；而用手掩嘴，则表示情绪比较低落。

情绪的表情是如此多样、复杂和神秘，也正说明了情绪的复杂性。而我们通过情绪表情来表达我们内心的情绪，使我们更容易被别人了解，同时又能很快地识别他人的情绪。

◎ 你的情绪，要悉数了解

为什么在产生情绪时，我们会产生相应的应激反应？为什么有人面对负面情绪，却能爆发出正能量？为什么有人天天情绪高昂，有人天天失落；为什么不同情绪撞击在一起，会产生那么可怕的后果？

究竟为什么我们会对情绪有这么多的困惑？答案很简单：我们对情绪的认知太少，所以对情绪无法捉摸。我们要耐下心来，好好去体会自己的心情，了解自己的情绪。

小璐这几天一直不太开心，她也不知道这是为什么。她静静地坐在床上，回想这几天发生的事情，想起一位同学借了自己一本书，好几个月了还不还，自己催过一次，但是他还是没有还。原来，自己是为这件事生气。

可是小璐又有点不愿意承认自己生气，因为这说明自己太小气，不就是一本书吗？但是自己确实很生气，这是事实，于是她又对自己说："这也是人之常情，没有什么不好承认的。明天我就去跟他说，我很生气，让他赶快还我的书。"

这时候，她又想到：为什么我这么容易为一些小事烦恼，而有的人天天神采奕奕？情绪究竟是个什么东西，让人这么难以把握？

小璐通过静静地思索，慢慢地了解了自己的情绪。

其实，每一个人都可以这样。要想更好地了解自己的情绪，有时需要一个安静的环境,"聆听"自己的情绪,深入自己的内心,感受此刻的自己是内疚还是怨恨?是害怕还是哀伤?想一想:为什么自己的心情总是忧郁,自己的天空为什么总是灰色?

如果你一时理不清自己的情绪,那么不妨和自己的情绪"对话",问自己几个问题:我现在的感受是什么?是什么人或事让我有这样的感受?为什么会有这样的感受?我应该有这样的情绪吗?通过这样的问话,来觉察自己的情绪。

情绪是复杂的,它有很多表现形式和各种似是而非的形象,有时像这种东西,有时又像那种东西,这些都会妨碍我们了解自己的情绪。因此,我们必须揭开情绪这些似是而非的面纱,才能更好地认识情绪,了解自己的情绪。

下面,我们就来揭开这些情绪的面纱,来看看我们的情绪像什么,这样才能更好地了解自己的情绪。

1. 情绪像"保安系统"

情绪像"保安系统",一旦我们的身心受到威胁时,这个"保安系统"就会发挥作用,发出相应的警报信号。这样,我们就可以及时地采取适当的应对措施保护自己以免受"伤"。

例如,遇到危险的情况时,我们就会产生恐惧的情绪,这种情绪迫使我们采取躲避或者抵抗的行为;如果有人伤害我们的自尊,我们心里一定先是郁闷,而后转为愤怒,这就提醒我们必须寻求疏解;当我们做错了事的时候,内心会内疚和自责,这些情绪又会驱使我们纠正自己的行为,为自己的错误做出补偿。

当然,这个"保安系统"有时候也会失灵,会反应过激,微小的刺激便警报大鸣,也可能对危险和过失逐渐麻木,从而失去反应。所以,我们不能完全依靠这个保安系统,而是应该经常进行自我反省,校正自己的价值观,这样才能够保持这个"保安系统"的正常运作。

2. 情绪像"发电机"

情绪就好比"发电机",它能源源不断地制造能量来推动人的各种活动,令我们时刻保持积极上进,并对社会有所贡献。例如,勇敢、自信、愉快、感激、同情、安稳、关怀和被爱等正面情绪正像是一台"发电机",源源不断地给我们输送能量。

当然,各种各样的负面情绪却会消耗我们的能量,但如果这些负面情绪不过量,也有其积极的意义。因为我们在经受痛苦的同时,获得了探索以及成长的机会,这也是一种正能量。

3. 情绪像一块彩色的毯子

情绪像是一块彩色的毯子,不过,这块毯子是什么颜色,全看你自己热爱哪种色彩。假如你用灰黑色的毛线织,你织出的毯子就会灰暗无光;如果你只用白色,毯子就会是一片单调的空白;如果你善于运用各种颜色,你就能织成色彩斑斓的彩毯。

这个意思就是说:你有什么样的情绪,你的人生就是什么颜色。

4. 情绪是"化学作用"

情绪就像有"化学作用"一样,一个人内心的各种情绪交织在一起,会产生令人意想不到的效果。在和他人的交往中,彼此的情绪交融、撞击,也会产生化学作用。

了解了自己的情绪,你不妨对照一下自己的情绪像什么。在我们的生命中,情绪一直伴随在我们左右。所以,我们必须了解自己的情绪,才能妥善地调控自己的情绪。调控好了自己的情绪,这些经历会为我们的生命增添色彩,成为美好的享受;反之,则可能会成为我们的负担,甚至损耗我们的生命。

◎ 了解情绪，更要学会观察情绪

要想调节自己的情绪，就要学会体察自己的情绪。所谓"体察自己的情绪"，指的是能够监控自己的情绪以及对经常变化的情绪有一种直觉，这是自我理解和心理领悟力的基础。

例如，你是否曾经听过别人这么说自己："莫名其妙！谁惹你了？"或者"今天这是怎么了，好像跟全世界的人都有仇。"而你却觉得："我没有怎么样啊？我很正常。"你发脾气了，有情绪了，自己竟然还没有意识到，这就是不懂得体察自己的情绪。

一个同事来向高明请教问题，高明不耐烦地说："你自己想想吧，这个我也不熟悉。"同事看了看高明，纳闷地走了。

高明在看一个下属提交的文案，一边看一边摇头，然后一个电话把下属叫了过来，把方案扔到他面前："这个方案是怎么做的，重做！"下属走了，旁边的同事盯着高明看。高明不解："你看我干什么？"

"你怎么了，今天心情不好吗？"同事问。

"心情不好？没有啊，我心情很好。"

"从来没见过你对下属发火。"

"发火？我发火了吗？没有吧。"高明一脸的疑惑。

快下班时，妈妈打来了电话："小明，今天晚上想吃什么菜？"

"妈，这点小事就不要老打电话烦我了，你做什么我就吃什么！"

"小明，你这是怎么了？平常妈妈打电话你可没这么说过话。"说完，妈妈把电话挂了。

妈妈的话让高明有点清醒了："我今天说话口气真的不好吗？这几天自己工作也不在状态，难道昨天上司和自己的谈话真的影响了自己的情绪吗？"

情绪作为一种意识，有时候是非常微妙、不易察觉的。就像高明一样，不但在发泄之前自己未曾察觉，在发泄之后仍然不自知。这就像生病一样，病情来临之前就有征兆，但你未曾察觉；病情已然来袭，你还麻木不仁、不采取措施应对，一旦"病情"加重，必然给自己的身体带来很大的伤害。

学会体察自己的情绪，就是要自己学会关心、体贴自己的心情，在心情感到"不舒服"的初期，就要想办法排解、舒缓或者说是"治疗"，把不好的情绪"掐死"在萌芽状态。如果刚开始没有发现自己的情绪不好，在经别人提醒之后："你这几天是怎么了？一点点小事就发火。"你就要想一想："我这是怎么了，我要赶快好起来，不能让这种坏情绪影响了我的生活。"

因此，体察自己的情绪是转换坏情绪的第一步，连自己的"病情"都不了解的人，不可能对症下药，治愈自己；连自己的情绪都不能体察的人，也不可能快速转换自己的坏情绪。

体察自己的情绪是爱自己的表现，是一个健康的人应该具备的一种能力，它是情绪智力的核心内容。具体来说，我们可以从两个方面体察自己的情绪：

1. 敏感地感受自己、细心地观察他人

要想体察自己的情绪，就要有一颗敏感的心——当自己的心情有变化的时候，自己能够感知。例如，在自己的情绪快到低潮的时候，记得提醒自己："这些天自己的情绪可能会不太好，要想办法做些其他事情转移一下。"或者"这几天做什么事情都觉得没劲，我到底是怎么了？必须找到原因改变这种状态。"

学会与自己的情绪"对话",这是体察自己情绪的好办法。

当然,人的性格不同,不是谁都具有敏感的神经的,一些人就是比较"马大哈",这类人没有那么敏锐的自我觉察能力,那就要通过观察他人的反应来体察自己的情绪:"这几天怎么了?周围的人好像都故意躲着我,昨天女儿说我这几天说话口气不好,我还不觉得,难道真的是这样?"

通过感受自己和观察他人来体察自己的情绪,这是学会体察自己情绪的两种途径。

2. 找到自己情绪的根源

我们不仅要体察到自己的情绪不好,更要知道为什么不好:是孩子不省心,还是工作不顺心?是没有休息好,还是工作压力太大?找到病因才能对症下药,才能真正让自己的情绪得到好转。

◎ 坏情绪会让生活一团糟

从情绪的表现形式来看,它会影响我们的身心和行为乃至整个生活,"心宽体胖"说的正是正面的情绪,会给我们带来积极的影响。当然,负面情绪也会给我们带来极大的冲击:"衣带渐宽终不悔,为伊消得人憔悴。"为了思念一个人,人变得越来越瘦,越来越憔悴:"曾经沧海难为水,除却巫山不是云。"往事让人久久难以释怀,给人的一生都带来莫名的伤痛。

尤其身处这个复杂多变的现代社会,我们更容易陷入某种坏情绪中无法自拔。

24岁的沈冰工作刚刚两年,正值青春年华,可她并没有觉得自己的生活多么有意思。相反,她觉得自己的生活是沉闷的、单调的、灰色的。

为什么会这样呢?沈冰原是个富有理想的人,本以为寒窗苦读多年,终于可以到社会上一展拳脚,实现自己的抱负和价值。但没想到现实不是她想象中的"乌托邦",期望中的"白领"生活不过是一个公司的文员而已,每天干着琐碎的工作,应付着不喜欢的人和事,挤着闷罐子似的"公交车",领着微薄的薪水。

她想跳槽,想改变,却发现自己的能力远远没有自己想象中的那么高,而竞争远远比她想象中的激烈。她成了一只困兽,想挣脱笼子的束缚,却又软弱无力。于是,她变得消沉、迷茫。对工作她随便应付,同事和朋友她也不愿过多地交往,对自己也没有过多的要求,天天得过且过,随波逐流。

昔日的同学见到她都说:"那个总是踌躇满志、神采奕奕的沈冰哪里去了?"她也在问自己:"我还要在这种情绪中沉沦多久?"

情绪没有对错,一时的坏情绪也不可怕,但情绪若得不到合理地释放和宣泄,就会像沈冰那样陷入情绪的泥沼里无法自拔。这些坏情绪一旦累积起来,就会积郁成疾,给自己的身心和生活带来可怕的后果。

历史上就有两个名人是被自己的坏情绪折磨致死的:周瑜是因为忌妒诸葛亮的才华,而被"气"死;林黛玉是因自己的性格所致,抑郁、纠结而死。他们本是才华横溢之人,却让情绪毁了自己的生活。

具体而言,负面情绪对我们的影响有以下几个方面:

1. 坏情绪影响我们的人际关系

情绪不好的时候,我们自然就会流露出不好的表情、肢体动作、语言和行为。然而,没有谁愿意无条件地承受你这些不好的情绪,久而久之，别人必然会远离你，拒绝和你相处。那么，你的朋友会越来越少，人际关系会越来越恶劣。

2. 坏情绪影响我们的工作状态

我们在情绪不好的状态下工作，不是漏洞百出就是敷衍了事，甚至根本就无法工作。因此，我们自然要受到上司的责备，这又会引起新的坏情绪。所以，坏情绪若得不到及时的调整，就会引起连锁反应，导致情绪越来越坏，无法收拾。

3. 坏情绪带走了我们的快乐和幸福

坏情绪所带来的最可怕的结果就是：夺走我们的快乐和幸福。就如我们上面举的一些活生生的案例，无论你是未走上社会的学生，还是初入职场的年轻人，或是生活经验丰富、取得一定人生成就的人，都有可能败给"坏情绪"这一人生"杀手"。因此，不善于调节情绪的人，无论你多么优秀、多么有才华、多么成功，都不可能把握人生的快乐和幸福。

4. 坏情绪让我们的人生变成灰色

有些纠结于坏情绪的人，他们也不快乐和不幸福，但表面上似乎看不出来。这种人奉行"好死不如赖活着"的观念，他们不会因为坏情绪做出多么极端的事情，但他们活得很消极、被动，他们"做一天和尚撞一天钟"，没有理想和追求。这类人看似活得很"好"，其实不过是行尸走肉。他们的人生是灰色的，不精彩、没有质量、没有意义。

坏情绪给我们的生活带来了如此多的弊端，所以，我们要通过不断的学习和探索，找到转换坏情绪的解决之道！

◎ 善于调节情绪才会有幸福人生

既然坏情绪会让我们的生活一团糟，那么我们就不能坐以待毙，任由坏情绪控制我们的喜怒哀乐，而是应该学会疏导、控制和管理自己的情绪。简单地说，就是学会调节情绪。善于调节情绪，才可能有幸福人生。对于这一点，相信很多朋友都不会质疑。

有一对英国夫妇，他们正处中年。在做体检时，妻子被查出患了乳癌，丈夫得了前列腺癌，而且还有严重的心脏病，医生告诉他们：他们两个最多只能再活半年时间。

医生和他们的朋友都以为这对夫妇会非常难过，甚至承受不住打击，但正相反，这对夫妇并没有像他们想的那样。他们觉得既然所剩的日子不多，就要过得更有质量一些，要完成他们未完成的心愿。

于是，他们卖掉房子，用这笔钱来进行环球旅行。在旅途中，他们忘记了自己的病，开心地享受着每一天，像是回到初恋时一样甜蜜，看到他们的人都羡慕不已，丝毫看不出他们是身患绝症的两个人。

半年之后，他们回到伦敦，再次来到医院进行复查，奇迹出现了——他们的癌细胞居然大幅减少，甚至连丈夫的心脏病也减轻了许多，这一结果让医生感到匪夷所思。后来，医生把这个功劳归为夫妇俩积极的情绪。医生解释道：快乐的人脑内可以分泌出一种安多芬，它能增加人体内的淋巴球，增强抵抗癌细胞的能力，让人重获健康。

从这对夫妇的故事，我们可以看出积极情绪对人的积极影响，更可以看出，善于调节情绪的人，才有可能拥有幸福的生活。试想，如果这对夫妇听到自己身患癌症的噩耗时，不是开心地去旅行，忘记病痛，而是大哭一场，终日难过压抑，那么也许不用半年，他们就会告别人世。

这绝不是什么危言耸听，因为很多病症的发病原因并不单单是生理的原因，而是由于心理的灰暗引起的。从某种程度来看，人类的恐惧、忌妒、敌意、冲动、愤怒等负面情绪都像是一种毒素，长时间被这些心理问题困扰，就会引发生理上的病变。因此，想要快乐健康地生活，就要学会调节好自己的情绪。

那些负面情绪，不仅会毁掉你的健康，还会把你带进失败的深渊，当然，也可以助你走向成功。你能得到哪一种结果，就看你善不善于调节情绪。

有两个秀才一起上京赶考，他们正走在路上，突然前面闹哄哄地来了一群人，是一支出殡的队伍。看到那口黑乎乎的棺材，其中一个秀才心里"咯噔"一下，心想："完了，这么重要的日子居然碰到有人出殡，太不吉利了。"于是，情绪立刻一落千丈。直到走进考场，他心里还在想着这件倒霉的事情，考试也无法专心，结果名落孙山。

碰到这样的事情，谁的心情都不会太好，另外一个秀才心里也为此纠结了半天，不过临考前他终于想通了这个问题："棺材，那不就是有'官'又有'财'吗？好兆头！看来我这次是要高中！"于是心里的郁闷一扫而光，情绪高涨地走进考场，文思如泉涌，结果力拔头筹。

回到家里，两个秀才都对家人说：那棺材真的"好灵"！

其实，不是棺材"好灵"，而是两个人不同的情绪，给他们带来了不同的命运——第一个秀才陷入郁闷的情绪中无法自拔，而另一个秀才却善于调节自己的情绪，他不仅摆脱了负面的情绪，而且还把负面的情绪转化为正面的情绪。所以，这个秀才自然考出了好成绩。

这个故事引起我们的思考：善于调节自己的情绪，学会更多调节情绪的方法，尤其是学会在瞬间甚至是1分钟转化自己坏情绪是多么的重要！倘若永远陷在这种情绪中无法解脱，那么你什么事情都做不了，也做不好！

◎ 情绪只能承认和接纳

中国的传统文化中提倡人要"喜怒不形于色"，认为一个人承认自己"有情绪"，或轻易地表露自己的情绪，这是一种软弱、不成熟甚至是没修养的表现。这种潜意识，让很多人有情绪时极力否认、不表露、不发泄，而是隐藏和压抑。

然而，这样做真的对自己有帮助吗？

小欣平时是个低调、内敛的人，她自己也很不喜欢那些一会儿兴高采烈、一会儿痛哭流涕的人，觉得成熟的人就应该稳重、不张扬、不随便表露情绪。

不过，她最近遇到了很多事情，先是工作上犯了一个大错误，被上司狠狠骂了一顿，写了检查，扣掉了当月的奖金；然后，和男朋友之间出了很多问题，面临着分手的可能；还有自己报考的研究生，快要考试了，可自己都没有时间和心情好好复习，这次肯定考不过，对此她压力也很大。

事业、爱情、学业都出了问题，小欣心里的痛苦可想而知，但她谁都没说，什么都没做，只是自己默默承受着。

这一天，她感到心里特别压抑，就一个人到江边散步，可江边的美景并没有驱散她心里的痛苦。她回到宿舍，刚推开门就忍不住了，躲在厕所里大哭了起来。她的室友连忙跑过来，把她抱在怀里说："我就知道你这些天情绪不好，问你你还说没事，情绪不好为什么不能和我们说说呢？"

生活中很多人都有这样的时候，有了情绪憋在心里。就算别人问你："怎么了，情绪不好吗？"你仍然极力否认："哪里？没有呀？"直到有一天无法承受，濒临崩溃。我们不但这样要求自己，对孩子也常常这样教育："闭嘴！不准哭！"尤其是对男孩子："羞不羞啊，一个男孩子，动不动就哭。"孩子们从小就有了错误的认识：生气时不能发脾气，伤心难过时不能哭，这些都是不对的。

实际上，情绪的产生是一个自然现象，说来就来，说去就去。它不受人们意愿的控制，即便你主观上否定、压制自己的情绪，客观上它仍然存在；即便有人使用蛮力或者权威妄图压制或消灭他人的情绪，情绪也只能暂时被"收"起来，但不会就此消失。例如，孩子迫于父母的威严压制住自己的哭声，但他内心的伤心和难过却不会因此而消失。

因此，我们必须放弃那些妄图压制和消灭情绪的言行，承认和接纳自己和他人的情绪。思想家培根也曾经说过："想要支配自然，首先就得顺从它。"所以，想要成为情绪的主人，就不能和情绪拗着来。坏情绪犹如一只发怒的小狗，要想让它安静下来，最好的办法是轻抚它的身体，而不是强制性地按住它，那样，它很可能会咬你一口。情绪也是这样，你越跟它较劲，你就会越烦恼，甚至给自己带来更大的伤害。

即便，某些情绪出现的原因是不正确的，某些消极的情绪是不应该肯定或赞同的，我们也应该先接受它，然后再想办法如何宣泄和排解。承认和接纳自己的坏情绪，这是转换坏情绪的第一步。当我们接纳了某一种情绪，它便可得到释放和流动，从而向好的方向转变。

承认和接纳自己的坏情绪时，我们还必须补充以下几点对情绪的认知：

1. 积极情绪不全是好的，负面情绪也并不全是坏的

任何事情都不能陷入两极论，对情绪的看法也是如此。好情绪当然对我们有很大的积极作用，但如果不加控制地肆意享受，也会给我们带来负面的作用。例如，取得了成绩感到高兴，但高兴之余还需有一份冷静，否则就会陷入自满的情绪当中。

适当的负面情绪，能使我们规避风险，得到成长，变得成熟，也能转化为正面能量，助我们成功。想象一下，当我们失去心爱的人和事物时，正是悲伤让我们的内心得到洗礼，从而知道什么是爱和珍惜；当我们遭受到他人的嘲笑时，正是内心的痛楚点燃了奋斗的小火苗，从而奋发向上，改变了他人对我们的看法。

因此，情绪并无好坏，关键是我们怎么对待它、怎么利用它。

2. 时间会让一切情绪都成为过去

情绪无法消灭，所以，我们要放弃这个不切实际的想法。实际上，情绪也不需要刻意去消灭，无论是好情绪还是坏情绪，都只是我们身心的"过客"而已。我们都听过一句话："时间会治疗我们内心的一切伤口。"只要我们不刻意地"挽留"它，不要念念不忘那些令我们不愉快的人和事，所有的坏情绪都会随着时间逐渐消逝。

3. 情绪是可以控制的

情绪无法压制和消灭，所以，有人就会说："这么说情绪就是不受控制的。"这样非此即彼的观点当然也是不正确的。

或许，我们都经历过突如其来的情绪，也曾经陷入其中无法自拔。但仔细想想，我们真的无法自拔了吗？事实上，不管我们当时的情绪有多糟糕，我们总有一丝意识是清醒的，这一丝清醒提醒我们：不要被坏情绪俘虏了自己的快乐；即便我们无法自拔、自甘堕落、沉沦、麻木，但身边总有朋友、亲人提醒帮助我们，让我们不至于在坏情绪中泥足深陷。

因此，情绪不是不受控制，而是你还不懂得如何控制。当你学会了更多控制情绪的方法，你会发现情绪不但可以被控制，还有着积极的作用和正能量。

◎ 你会正确对待自己的情绪吗

生活在现代都市的人们，常被各种各样的问题困扰：人际关系的矛盾，对前途的担忧，事业的压力，这些问题带来了诸多不良情绪，无情地啃噬着我们的心灵，妨碍着人们正常的工作、学习和生活。

小涵是公司的骨干，工作的压力和生活的重担常常让她喘不过气来，而她却不知道该如何宣泄。她常听到一些男人在拳击馆里怒吼，可是这样的方式却不适合她这样的女孩子。所以，她有了不快，只能向别人诉说。然而朋友们都很忙，而且有点情绪就向他人诉说，显得自己一点控制能力都没有。

于是，她想到了和男朋友去诉说。可总是没说两句两个人就吵起来。而且作为同龄人，男朋友对事物还没有特别成熟正确的判断。

而对父母，她常常是报喜不报忧，怕老人家为她操心。因此，小涵有了情绪只能憋在心里，她郁闷极了。

所以，小涵干脆放弃了一切宣泄情绪的方式，任由这种情绪状态持续下去。她觉得，好多人都有压力、都有情绪，还不是和她一样就这么过着。

人的心灵有时就像波涛翻滚的大海，需要的则是正确地疏导和宣泄。人的不良情绪总要有个"吐"的方式和地方，就如同地震，能量释放出来了，也就平静了。而情绪的释放要以小能量来分解大能量，否则积蓄太多，一发便会惊天动地，对自己也可能会带来损害。

像小涵这样，有了烦恼和苦闷，却不知道该如何解决，想解压也没有途径，只能让自己陷入坏情绪的包围圈中，任由坏情绪侵蚀自己。这种对待情绪的方法当然是不对的。除了小涵的这种方式外，以下对待情绪的方式也是不正确的：

怨天尤人：有些人在情绪不好的时候，总想着抱怨、把责任推给别人、推给客观情况，想找个"出气筒"或者"替罪羊"。他们不从自身找原因，不懂得反省自己。

待在坏情绪里不动：这些人有了负面的情绪时，不去做任何改变，不想办法宣泄，而在坏情绪里消极等待，结果使原来的心情更加恶劣。

压制自己的情绪：这些人会用意志力刻意压制自己的情绪，甚至不承认自己的情绪，这也是很不科学的，就像气球憋久了会爆炸一样，压制自己的情绪早晚会发生更大的爆炸。

放任自己的情绪：这些人则肆意地发泄自己的情绪，逮着谁都乱发泄一通，这样做将导致行动与情绪的消极互动，即消极的情绪引发消极的行为，消极的行为又强化了消极的情绪。

不停地后悔和自责：这类人有了坏情绪时，会不停地自责："如果我当初不这样做,就不会到今天这种地步。"不停地自责、不原谅自己,这往往是追求完美的人对待情绪的方式。

以上这些对待情绪的方式都是不对的,用这些方式只会令自己的情绪越来越糟,如果我们能用下面这两种方法来对待情绪,效果就会好很多:

1. 用实际的行动来缓解自己的情绪

要行动起来,找出最适合你的方法排除自己的情绪。例如,可以找一个最亲近的人倾诉;进行体育锻炼;打高尔夫球、画画、下棋、种花,等等。当你感到有情绪压力的时候,邀几个亲朋好友去聚餐一次,或去观赏一部电影;运用听音乐、讲笑话来调节自己的情绪。

2. 改变自己的认知

改变自己一些不正确的认知和不好的生活状态。例如,对自己的要求不要过高;防止过于孤独,设法结识一些新朋友。认识一些新鲜的事物,以保持精神的平衡;学会自我激励和自我暗示,让自己始终保持良好的自我感觉;不过分拘泥于成功。失败是成功之母,有意义、有经验的失败要比"简单的成功"获益更大;用慢节奏的生活方式来让自己得到彻底的放松。

人的一生,有明媚灿烂的阳光,有心想事成的喜悦,也有事与愿违的不快与烦闷,要学会正确地对待自己的这些情绪,找到更合适的方法来缓解自己的情绪。

第二个要义

了解自己的情绪从何而来

有了情绪,不停地埋怨带给我们烦恼的事物,这种面对情绪的态度是极其错误的。之所以有这样的错误态度,是因为我们不了解自己的情绪是什么原因造成的。不了解自己的情绪从何而来,不懂得反省自己的错误认知,这样的人何谈转化自己的坏情绪?

◎ 情绪总有产生的根源

情绪给我们的生活带来了诸多影响,那么,情绪究竟来自于哪里,是如何产生的?要回答这个问题,我们先来看看下面这个小故事:

有一位女作家,人到中年,尚单身一人。她常常四处漂泊,寻找写作的灵感。正是这种生活的积累,她的文章总是那么有味道和富有特色。

有一次,她来到一个村庄,到一对农民夫妇家借宿。女主人在得知她的情况后,不无同情地说:"一个女人没有家庭,没有丈夫和孩子,一个人这样浪迹天涯,太可怜了!"

女作家诧异地说:"可怜?不,我从不觉得自己可怜,更不觉得孤独。我做着自己最喜欢做的事,过着自己最想过的生活,活得既自由又充实,我很幸福!"

对于同样的状况，农妇觉得可怜，女作家觉得幸福，为什么会有这样两种截然不同的感受？就在于她们对事物的感知不同。人类的很多感受和情绪皆来自于我们主观的对事物的不同感知。

要更清楚地说明白这个问题，我们可以来看看人类的四种基本情绪——快乐、愤怒、恐惧、悲伤——是怎么来的。情绪产生的基础是需要，一个人的需要得到满足与否，便产生了各种情绪。

例如，当一个人的期望或追求得到实现后，心理上的急迫感和紧张感解除，需要得到满足，快乐的情绪便由此产生；当一个人的需求受到抑制或阻碍，愿望无法实现，紧张感增加，甚至不能自我控制，出现攻击他人的行为，这时的情绪就是愤怒；当危险状况出现时，人们企图摆脱和逃避，而又无力应付时产生的情绪体验就是恐惧；而悲伤是丧失之后的情绪体验，因自己喜欢的对象遗失，或期望的东西幻灭，而引起的一种伤心、难过的情绪体验。

从以上四种情绪产生的原因来看，情绪的产生有主观原因和客观原因。客观原因就是客观现实本身，包括人、事、物。当客观现实满足或者满足不了人的主观需要时，人的身心就会受到某种刺激，因而产生一种身心激动的状态，这就是情绪。所以说，客观现实是否能满足人的主观需要这是情绪产生的主观原因。

但是，同样的客观现实能满足这个人的主观需要，却不能满足另外一个人的主观需要，这是为什么呢？因为每个人对同样的客观现实的看法、观点都不同。例如，观看同样一部电影，有人深陷其中为之感动，几欲泪下；有人觉得做作煽情，无聊至极。这说明对客观现实的不同认识使人产生了不同的情绪。

用一个词来概括情绪产生的主观原因，那就是：主观认知。这也是情绪产生的内在原因。所以，当客观现实符合我们的主观认知时，我们就会产生积极的正面情绪；反之，当客观现实不符合我们的主观认知时，我们就会产生消极的负面情绪。这就是情绪产生的根源。

那么，我们为什么要挖掘情绪产生的根源呢？这对我们了解情绪、掌控情绪有什么帮助呢？下面这两点很好地回答了这个问题：

1. 知道了情绪产生的根源，才能不再和情绪"较劲"

情绪产生的根源是客观现实是否符合人的主观认知，也就是说，情绪本身是一种现象、一种结果，是一种客观存在，所以解决情绪的方法不是"折腾"情绪，而是找出产生情绪的原因。

情绪也是一样，它也只是症状而已，它在告诉我们：我们的生活中出现了问题，需要我们及时处理了。可是现实生活中人们却大多不是这样，他们不去寻找和解决产生情绪的缘由，而是在和情绪"较劲"。这样非但缓和不了自己的情绪，只会令自己的情绪更糟糕。

因此，在有了情绪时，别再妄想怎样才能把情绪赶跑，而是尽快解决产生情绪的事情，那么情绪自然会不赶自跑。

2. 知道了情绪产生的根源，才知道"治病要治本"

知道了情绪产生的根源，我们就知道情绪是赶不跑、灭不掉的，就像我们无法对着头痛欲裂的头说："求求你，别再疼了。"就算你吃一颗头疼片也只是将头痛暂时压制，而无法让头痛彻底消失。所以，"治病要治本"，找出产生情绪的人或事，解决它，切断令我们产生不快的源头，不快才能随之消失。

◎ 坏情绪来自于对事物不合理的认知

情绪来自于主观对客观现实的不同认知,当客观现实不符合我们的主观认知时,我们就会产生消极的负面情绪。那么,我们的情绪之所以不好是客观现实的错吗?当然不是!客观现实作为一种客观存在,是没有对错、不会改变的,更不会依我们的喜好而改变。例如,电影会因为我们不喜欢而在瞬间改变剧情吗?当然不会!

我们再来看看,人们对客观现实的主观认知都是正确、合理的吗?当然也不是!为什么同样一件事情,别人不会产生负面的情绪,而你却会呢?正是因为你对这件事情有了不合理的认知,或者说错误的判断和看法。你对这个世界不合理的认知越多、越深,你的负面情绪就会越多、越强烈。

小李和小王共同负责一项工作,但由于种种原因,到下班时两人还没完成。领导要他们两个留下来加班,把工作做完。小王没有任何怨言,老老实实地继续工作。小李却不情愿了,他对小王说:"哎,有没有搞错啊,叫我们加班,我们已经下班了。"

小王淡淡地说:"是到了下班的时间,但我们的工作没做完,留下加班是应该的。"

"什么应该,不能明天再做吗?"

"既然领导让我们加班,肯定是着急让我们做完,不能等到明天。"小王耐心地劝他。

但小李依然有情绪:"我不想加班,我想下班,朋友们还等着我去玩呢。"

"赶快干吧,有你发牢骚的工夫,也快干完了。"

没办法,小李只好坐了下来继续工作,但人是坐下来了,心明显不在状态。干一会儿,叹下气;写一会儿,站起来转两圈,还不停地看表。嘴里不时地说着:"烦死了,烦死了。"

同样是加班,小王是心甘情愿地面对,小李却诸多怨言。正是因为如此,他们俩对加班这件事有着不同的认知。由此可见,坏情绪正是来自于对事情不合理的认知。

也许你会觉得,谁会喜欢加班呢?"我不喜欢加班"这个认知并不是不合理。这就要具体情况具体分析了。如果你的工作完成得很好,领导还要你加班,或者不止一次要求你加班,那么你"不想加班"这个认知当然是合理的;但因为你的工作没做好,领导才让你加班,那么你"不想加班"这个想法显然是不合理的。

所以,是否"合理",并没有一个严格的定义和界限,而是要视客观情况而定。但有一点是可以确定的,即"合理"是合乎事理和道理,而不是合乎你的主观感受。因为人的感受作为一种主观意识,是随意的、个人的,是符合自己的心理的,但却未必符合事理和道理。

因此,事情并不会改变自身去迎合你的主观感受,而你却必须改变自己对事情不合理的认知,从而让自己的坏情绪得到转化。对于这一点,还有几个方面需做详细说明:

1. 事物不会伤害我们,伤害我们的是对事物不合理的认知

坏情绪会给我们的身心带来伤害,而坏情绪产生的原因是对事物不合理的认知,由此可以得出伤害我们的是对事情不合理的认知,而不是事情本身。

事情往往是无法选择和无力改变的,那就只有改变对事情的认知:乐于接受并寻找它的积极面。例如,加班,"虽然加班不能让我那么快回家，但能让我把未做完的工作做完，减轻了我的工作压力和心理负担。"当你这么想的时候，你就由不想加班变为积极主动地加班，情绪自然就好了。

2. 不要把"不合理"认知当作"合理"认知

在很多情况下，我们之所以不能改变自己不合理的认知，是因为不知道自己的认知是不合理的。这样的人，总是躺在自己不合理的认知上睡大觉，执迷不悟。

例如，失去了升职的机会，不觉得是自己的能力不够，却认为是同事采取了不正当的竞争手段，或者领导故意给自己穿小鞋，因而陷入对领导和同事的怨恨情绪当中。经他人提醒之后，还不改变自己的看法。

特别是一些自以为是的人，总认为自己的看法都是正确的，他人的看法都是错误的。或者自己有一些错误的人生观和价值观却不自知，这样的人当然很容易产生负面的情绪。只有多和他人交流和沟通，改变自己不合理的认知，坏情绪才会离你而去。

◎ 情绪来源于生活

情绪来自于我们对事物不合理的认知，那这些事物又是来自于哪里？当然是来自于生活，因此我们也可以这么说——情绪来源于生活。

生活中的大事小事都可以引起我们的情绪波动，大至超越了人的能力承受，小至扰乱了人的心理平衡，这些大事小事都会是"情绪"的来源。这些可以预测以及不可预测的刺激事件，都会给我们带来或大或小的情绪。

小灵今天晚上可谓祸不单行：出去吃饭时，一脚踢在一块石头上，踢得脚指头生疼，心里想："怎么这么倒霉啊！"

来到饭店吃饭，想喝口汤，谁知勺子掉进碗里去了，好不容易把油乎乎的勺子拿出来，端起碗来想喝一口，却洒了一裤子的汤汁。小灵吃饭的心情一下子全没了，心想赶快回去换条裤子，这湿漉漉、黏糊糊的裤子可真不舒服。

走到家门口，却发现钥匙忘在家里了，而这时没人在家。她的情绪一下子跌到了极点：今天真是祸不单行。于是只好给妈妈打电话，让她赶快回来开门。

大冬天的晚上，小灵穿着湿漉漉的裤子蹲在门口簌簌发抖，心里真想找个人发发火……

看看小灵的遭遇，我们就知道，坏情绪其实就来自于生活中很琐碎的小事。别看这些小事，却能扰乱自己的心情。一旦这些"倒霉"的小事累积起来，也会让人的情绪处于愤怒的边缘。

那么具体来说，哪些事情会成为情绪的来源呢？

1. 生活中的小困扰

我们每天都不可避免遇到各种各样的小挫折。例如，正在使用电脑却突然停电，自己的文件因此不翼而飞；去外出就餐，饭菜洒在身上；走在路上突然摔了一跤……这些小困扰都会成为我们坏情绪的来源。

2. 生活中的重要事件和大的变动

生活中的重要事件和大的变动是造成"情绪"的主要来源之一。这些事件一般都比较难以处理，所以使我们产生了很大的情绪。

例如，突然中了200万元特等奖、换了一部新车、突然升职加薪等，因为这些会造成我们日常生活的重大变动，使我们必须面对新的生活需求以及新的环境要求，当然就会产生大的情绪波动。

再如亲人的突然亡故、夫妻离异、牢狱之灾、个人生病或者受伤、失业、退休等，都会引起情绪的波动。

3. 突发灾难

例如，地震、火灾、水灾等重大突发灾难，对遭遇灾难者、现场目击者、前往救援的人、受害者的亲友及从各种传播媒体来说，都会带来不小的情绪冲击。

4. 长期的社会问题

很多长期性的社会问题都会成为我们情绪的来源，例如，快节奏的生活、过度拥挤的空间、不稳定的生活状态、不安全的食品、环境污染等。因为这些问题导致了人们心理上的问题，引起了人们的情绪问题。

◎ 对坏情绪的不合理认知

坏情绪来自于对事物不合理的认知，那么不合理的认知又是如何产生的？这跟我们的经历、受到的教育、成长的环境有关，也跟我们的性格有关。是这些造成了我们绝对化、偏执、极端等不健康的心理，以及不正确的人生观、价值观，因此也就产生了许多负面的情绪。

志强从小在农村长大，虽然自己学习很努力，考上了大学，但因为家境不好、见世面少等原因，致使他不仅在穿衣打扮方面比较土气，其他个人素质方面也很一般。

有一次，他喜欢上了班里的一个女孩，就向对方表达了好感，但这个女孩已经有男朋友了，就拒绝了他。他愤愤不平地说："为什么这么快就拒绝了我，为什么不能让我和别人展开公平竞争？"因此，他对这个女孩非常怨恨。

后来，他听说那个女孩的男朋友的父亲是个公务员，他心里又不平衡了："凭什么？凭什么他生在城市，我生在农村？凭什么他父母是当官的，我父母是农民？太不公平了。"从此，他不仅对自己的出身耿耿于怀，还对那些所谓的"官二代""富二代"深恶痛绝。他发誓，以后要好好努力工作、赚钱，不让这些人看不起他。实际上，根本就没有人看不起他，是他自己自卑而已。

工作以后，他确实很努力，天天希望能升职加薪，但在一次职位竞争中却败下阵来，他又发起了牢骚："凭什么我兢兢业业努力工作，升职加薪的却不是我？这不公平！"

他总觉得老天爷对自己不公平，每件事都不让自己如愿，他恨命运的不公，恨他人的不公，因此，他总是活得很痛苦。在痛苦中，他不再努力工作、好好生活，开始自暴自弃，破罐子破摔。

志强为什么会总是抱怨、会这么痛苦？因为他陷入了"一切必须公平"的错误认知。我们都知道，这世界没有绝对的公平，更没有天生的公平。所以，总是抱怨世界不公的人，必然陷入对世界强烈不满的负面情绪。

我们不能像志强那样，因为自己的错误认知而掉入负面情绪的深渊。所以，我们必须改变自己不合理的认知。但是很多人都不知道自己的哪些认知是不合理的，因此，先要知道自己哪些想法是"错"的，"错"在哪里？才能有针对性地去改变、去纠正。

1."绝对化"的认知

在生活中，有这么一部分人，他们喜欢这样要求自己："这事要么不做，要做就做最好！""这次考试，要么不参加，参加就要拿第一！"在参加比赛和得第一之间还有第二、第三、第四等种种可能，他们却都不能接受。这是一种绝对化、极端的想法和认知，一些完美主义者常会有这样的认知。

他们对事物的看法非黑即白，没有中间地带。一旦形成了这样的认知，他们就会以这样的标准要求自己和他人。一旦结果不如所愿，他们就会产生失望、难过、无法接受、不能原谅自己等负面情绪。

2. 以偏概全、过度归纳的认知

很多人，都会有这样一种心态：发生了一次的事情，就认为以后次次都是这样，进而产生放弃的心理。

例如，一位男孩子鼓足勇气追求一个女孩，女孩拒绝了他。于是这位男孩就产生了这样的心理："我以后再也不会主动追求女孩子了，所有的女孩都看不起我。"再如，有个人开车遇到了堵车，心情非常不爽，于是发出了这样的牢骚："这个世界真是糟透了！"

因为一次失败和不顺利，就对自己或世界下了绝对的定义，完全否定自己和这个世界，由此产生了很深的挫败感和很糟糕的负面情绪，这种情绪正是因为他对事物以偏概全、过度归纳的认知产生的。

3. 喜欢给自己和他人贴上不好的标签

给自己或他人贴上不好的标签，有些人特别喜欢干这样的事。例如，"我天生就是一个失败的人，这辈子都无法改变了。"有些人在数落别人时喜欢给对方贴标签："你这个人真是一无是处，一辈子也不会有出息！"

看不到自己和他人的优点，反倒把缺点夸大化、绝对化，这种认知必然让自己和他人心情低落、情绪不好。

4. 以"应该论"看待人和事

许多人的情绪都被"应该论"操纵。例如，"我这么爱你，掏心挖肺地对你，你不应该这么对我！"

世界上的人和事是复杂的，不是所有的事情付出就一定有收获，"因为"就一定有"所以"。抱着"应该论"看待人和事的人，会觉得他人或这个世界都对不起自己，会委屈、不满、抱怨，极易陷入负面情绪。

◎ 坏情绪来自于坏心态

不合理的认知，是坏情绪产生的根源。除此之外，不健康的心态也能使情绪变得糟糕。因为，不健康的心态会产生不好的心境，会影响自己对事物的判断和认知，因而也左右了自己的心情。

有一个女孩子是一位老师，各方面都很优秀，就是有点"疑心病"。

一次，她在办公室里，几位同事却避开她躲在一边说话。她心里想："干吗躲着我，难道是在说我的坏话？"好几天这个念头一直在她的脑中挥之不去，甚至都影响到了她的工作。

课堂上，有一位同学趴在桌子上睡着了，她心里又不舒服了："他干吗睡觉？肯定是嫌我的课讲得不好！"心里为此又难过了好几天，不停地反思自己的课哪里讲得不好。

心情正郁闷呢，突然想起男朋友好几天都没给自己打电话了，她又闹心了："看来他根本就不爱我，原来说的话都是骗我的。"这样一来，她的心情更痛苦了，工作也没心思了，吃饭也没胃口，晚上躺在床上独自哀伤，无法入眠。

故事里的主人公有强烈的"疑心病",这是一种非常不健康的心态。这种心态的人总是怀疑别人的言行是对自己不利的,他们喜欢怀疑一切莫须有的事情,却不主动去求证事情的真相,只是自己在那里猜测、胡思乱想,因此导致自己天天处在忧郁的情绪中。

由此可见,不健康的心态直接导致了我们不好的情绪,因此,我们必须尝试去改变、调整自己不健康的心态。首先我们要了解造成坏情绪的不健康心态主要有哪些。

1. 喜欢反复咀嚼令自己不快的人和事

有一些人喜欢沉浸在回忆里,反复回味令自己忧伤的过往。或者别人一句不太中听的话,他们会反复地琢磨:"他这么说是什么意思?难道是看不起我?"

他们时不时地回忆起令自己不快的人和事,这种不健康的心态使他们长期处于一种不快乐的情绪当中。与其说不快乐常常光顾他们,不如说他们揪住不快乐的情绪不放。这种人多少有点自虐倾向,他们以这种伤害自己的方式来治疗曾经受到的伤害,终难逃脱痛苦的折磨。

2. 对未发生的事情做悲观预测

你是否也曾经有过这样的时候,明天要考试了,你想:"我肯定考不好的,上大学我是没有希望了,将来也不可能有一份满意的工作,我这辈子算完了。"

也许你的学习成绩确实不太好,考上大学的希望不大,但凭什么就可以断定你找不到一份好工作,甚至断言自己这辈子都完了?对未发生的事情抱着这么悲观的情绪,而且是这么遥远的事情。

更糟糕的是,你深信自己这种悲观的预测是正确的,并以此作为自己不再努力奋斗的借口。那么你不仅容易陷入悲观绝望的负面情绪中,也可能一生一事无成。

3. 过于敏感

敏感不是缺点，但过于敏感就是缺点了，特别是与人交往的时候。这方面有一个代表人物，那就是《红楼梦》中的林黛玉。贾宝玉随便说说的一句话，她琢磨半天，并费尽心思地去猜测对方话里的"潜台词"；受到丫鬟恶语相激，就联想到自己身世可怜，连丫鬟都来欺负自己；看到落花，又触景生情，于是产生了更加失落、悲伤的情绪。

过于敏感的人通常也有"疑心病"，他们的心思过于细腻、神经太敏感，过于重视细节，因此放大了自己的负面感受，极易悲伤和落寞。

4. 把他人的错误归结到自己身上

这类人说起来也挺"伟大"，也许他们内心也觉得自己很"崇高"，因为他们总是喜欢把他人的错误归结到自己身上。例如，女儿离婚了，妈妈一把鼻涕一把泪地说："都怪妈妈，当初不该给你找这样的男人。"下属犯了错误，领导一个劲儿地道歉："对不起，都是我的错，我没把工作安排好，所有的责任我来担。"明明是自己的老公不争气、不上进，还对自己乱发脾气，妻子却还怪自己："都怨我，我给你压力太大了。"

这类人的负罪感很深，他们喜欢自责，更喜欢乱揽责任。他们不仅把自己的情绪弄得很糟，也不利于问题的解决。

5. **自我激励变成自我强迫**

为了鼓励自己取得成绩和渡过难关，我们都会自我激励："这次任务我必须完成！""这个星期我必须把这个做完！""这个女孩我必须追到！"

但是由于自己能力或时间的原因，这个任务确实完不成，领导都说："没关系，你已经尽力了，算了。"但你却不放过自己："不行，我必须完成！"

对方觉得不适合，拒绝了你，你却发誓说："不管你拒绝我多少次，不管付出什么代价，我都不会放弃追求你。"

朋友们，这还是自我激励吗？明明无望的事情却强迫自己必须做到，这是偏执！这是自我强迫！怀着这种心态的朋友怎能有快乐的心情呢？又怎能带给他人快乐呢？

6. 过度依赖他人

过度依赖他人的人，容易陷入孤独、恐惧、失落、悲伤等负面情绪中。

例如，有些父母过度依赖孩子，一旦孩子离开自己到外地去生活，父母就陷入无尽的思念和失落的情绪中；有些人过度依赖异性，一旦分手或者离异，就觉得到了世界末日，自己无法独自走下去；还有些人依赖自己的同事和工作伙伴，一旦他们离开，自己就手足无措、紧张慌乱，无法独自完成任务。

这种过度依赖他人的心态，使他们像个婴儿般样，一旦失去他人，就变得恐惧不安。不健康的心态还不止这些：完美主义、封闭自己、自卑等心态都会给自己带来负面的情绪。因此，要想改变自己的负面情绪，首先应该弄清楚情绪从何而来，是不合理的认知还是不健康的心态，追根溯源，才能从根本上转化自己的坏情绪。

◎ 坏情绪是如何传染的

早上，同事们都来上班了，一个个脸上挂着微笑，打着招呼，"你好！你好！"快乐的问候声此起彼伏，愉快的一天眼看就要开始。这时进来最后一位同事，脸拉得长长的，嘴里嚷着："真烦！"然后使劲一拉凳子，往位置上一坐，再也不理身边任何一个人。于是，办公室刚刚酝酿起来的一团和气，似乎一下子碰上了冷空气，瞬间凝成了乌云。刚刚还快乐无比的同事们，情绪立刻低落下来，不再说笑，各自坐下埋头自己的工作。

这些无辜的同事们的坏情绪是怎么来的？很明显，是被最后进来那位同事传染的。的确，坏情绪就像一种病毒，是会互相"传染"的。如果在一群人当中，有一个人怒气冲冲、闷闷不乐，那么其他人也会"一人向隅，举座不欢"。

一个老板因为工作心情很不好，于是在办公室里朝自己的一名员工发脾气，责怪他工作不努力。这位员工无故被错怪，闹了一肚子火，却又没地方发泄。他闷闷不乐地回到家，刚好饭菜端上桌，他尝了一口就大声斥责妻子做的饭太难吃。妻子感到莫名其妙，心里想："平时都是这么做的，你也没说难吃。"于是觉得很委屈。

这时，刚好儿子回来了，妻子没好气地斥责儿子："为什么回来这么晚？"儿子其实跟平时回来的时间一样，被无故斥责了一顿，心里很不舒服，出门看到别人家的小狗在叫，狠狠踢了小狗一脚。

妻子很生气，想指责儿子，可孩子已经跑远。于是，她便把气撒在了丈夫身上，无中生有地数落起了丈夫。结果，两个人就吵了起来。

妻子是个教师，第二天，她还没有缓过情绪，就把班里的两个学生训了一顿。两个孩子挨了骂，心情很不好，路过报刊亭，哗啦哗啦地大声翻杂志。卖报刊的老板娘制止他们，两个学生反而使劲把刊物摔在摊子上。卖报刊的女人揪住学生不依不饶、大吵大闹，引得众人围观，好不热闹……

在这个故事里，除了老板，每一个人的情绪都是被他人传染的。一个人的坏情绪竟然被扩大了十几倍，可见坏情绪的传染性是巨大的。而这样的坏情绪又会直接影响或是波及你的家人、朋友和同事，也极有可能造成一系列的连锁反应。就像扔进平静湖面的小石头，涟漪一波一波地扩散，也就将情绪污染传播给了社会。

就算是一个心情舒畅、开朗的人，整日同一个愁眉苦脸、抑郁难解的人相处，不久也会变得情绪沮丧起来。一个人的敏感性和同情心越强，越容易感染上坏情绪，这种传染过程是在不知不觉中完成的。美国一位心理学教授的研究证明，只要20分钟，一个人就可以受到他人低落情绪的传染。

由此可见，坏情绪不仅来自于不合理的认知和不健康的心态，也来自他人的传染。那么我们应该怎样做才能避免自己的情绪受到他人的传染，才能让他人的坏情绪到了自己这里就"戛然而止"，不再无休止地传染给他人呢？来看下面几条建议：

1. 远离坏情绪传染源

现代心理学告诉人们，在两个时间段人的情绪容易被传染：一是早晨就餐前；二是晚上就寝前。所以，如果在这两个时间段发现自己身边有情绪不好的人，就尽快远离他们，避免自己的情绪受到他们的传染。其他时间若发现身边有情绪不好的人，若不想被他们传染，自己也要及时离开他们。

2. 理解并接受对方的情绪

当我们看到一个人有了坏情绪时，不要轻易地责怪他，不要觉得："我又没有得罪你，干吗无缘无故地冲我发火？"应该学会理解对方："他的情绪很可能也是被他人传染的，他也是受害者；为什么他的情绪这么坏，究竟发生了什么事情？"学会理解对方，自己的心态就是平和的，就不那么容易被对方的坏情绪所传染。

然后，我们要从心里接受对方的情绪："他心情不好，就让他发泄发泄吧。"坦然地接受对方的坏情绪，自己的内心就不会变得暴躁，对方的坏情绪自然不会那么容易传染到我们身上。

3. 引导对方说出他的情绪来源

要让对方的坏情绪不再传染给他人，我们还需引导对方说出他的情绪来源，尽量分担对方的坏情绪，帮对方走出坏情绪的困扰。

例如，我们可以引导对方说出他的感受："什么事情让你这么生气？能和我说说吗？"这时，我们要发挥自己的同理心，站在对方的立场来替他想一想，学会理解对方，并肯定对方的感受："如果我是你，我也会生气的。"然后再安抚对方的情绪："别生气了，生气于事无补，不如我们一起来想想怎么解决这件事。"最后再和对方讨论事情的解决办法。

当你帮对方解决了情绪困扰，他的坏情绪不但不会传染给你，也不会再传染给他人。这个坏情绪的传染源也就消失了。

◎ 你的情绪来自于哪里

现代人压力大、负面情绪多，老人、学生、家庭主妇、职场人士谁没有压力，谁没有情绪？在这其中，职场人的压力最大，情绪状态最不稳定。工作、经济、情感、家庭、社交，压力从四面八方袭来。尤其是大部分的职场人，上有老，下有小，面对的状况是一生中最为复杂的，压力之大可想而知。

几年前，网络上有一段视频广为传播：

在香港的一辆公交巴士上，一位阿叔在打电话，坐在他后面的一位男青年嫌其嗓门儿太大，便轻拍了一下他的肩膀，示意他小点声。

没想到这个小小的动作，惹得这位阿叔暴跳如雷："你为什么拍我肩膀？我在讲电话。我有压力，你也有压力，你为什么要挑衅我？"

男青年一头雾水："你想我怎样？"

阿叔："我想你怎样？你跟我道歉！"

青年："哦，不好意思。"

阿叔："为什么不好意思啊？是我对还是你对？今天必须解决问题！"

男青年："问题已经解决了。"

阿叔："未解决！"

男青年："解决了。"

阿叔："未解决！！"

虽然男青年一再忍耐，但这位阿叔还是不断地痛斥、奚落和辱骂。

这段视频被网友争相传播，尤其是"巴士阿叔"的那两句话："你有压力，我也有压力。""未解决"更是引起了网友们强烈的共鸣和热烈的讨论，它折射出了现代人生活中真实的一面：早上的公车上，超市长长的付款队伍中，汽车你刮我碰的公路上，都会听到类似的争论和吵骂声。

"巴士阿叔"正是用他强悍的语言暴力来掩饰内心的脆弱和不安——经记者调查，"巴士阿叔"正处于失业中，当时在公车上，他正在和心理咨询师打电话。

其实，在职场人士的内心深处，自己何尝不是"巴士阿叔"，何尝不是常常面对着众多压力和一大堆未解决的问题？在高速运转的现代化都市里，职场人的内心都有一个声音在催促自己："快点，快点，再快点！"否则，你就会失去机遇，就会落于人后。不管你是老板还是打工仔，无论你是高薪还是低酬，除了物质生存上的未解决，还有情感、心理上的未解决……

"未解决"就如空气一样，令我们无法逃避。我们的情绪就像是一个易拉罐，只要谁在不当的时候"拍一下我们的肩头"，这个易拉罐就会立刻启动爆炸。

那么，职场人这种易燃易爆的情绪究竟来自于哪里？我们一起来看一看。

1. 生存危机

生存危机，这是职场人面对的最大压力。毕业了，能不能找到工作；工作了，能不能有好的发展；能力优秀者，忧虑能不能得到提升；能力一般者，担心会不会被"炒鱿鱼"；所有这些人，都担心自己的晚年生活有没有保障。

中国人的"生存危机意识"是有史以来最强的，这些生存危机迫使我们不停地考证、不停地充电、不停地加班、不停地应酬，唯恐不这样就会被淘汰。事实上也正是如此，优秀者每天忙得像陀螺，平庸者则感觉成了城市的"边缘人"。

无论你是"高产""中产"或者"无产"，都有巨大的压力。在这种巨大的压力下，每个人的情绪都会随时"崩盘"！

2. 未解决的问题

职场中人，每天都有无数未解决的大问题和小问题。大问题：工作待遇低、不稳定，想换个新工作还没找到；房价还在看涨，想买钱不够；没有好工作、没有房子，老婆还没着落；母亲重病，手术费还没凑齐；孩子的学习成绩每况愈下，令人头疼。这些未解决的大问题压得人喘不过气来。

除了这些大问题，还有诸多未解决的小问题令自己烦恼：这个月没有完成公司下达的任务目标；和同事闹了点摩擦，矛盾还没解决；答应陪妻子和孩子一起出去旅游，还没兑现承诺；网上下了一部好看的电影，还没时间看；一大盆脏衣服，都没时间洗……

所有这些未解决的大问题和小问题累积起来，我们的心灵真的是不堪重负，怎么可能没有压力和情绪？

3. 对压力和问题没有合理的认知以及有效的解决办法

诸多压力和未解决的问题使职场人的情绪时时处于"临界点"，但我们的情绪就是来自于这些问题本身吗？当然不是这么简单！我们的情绪来自于对这些问题不够恰当的认知，以及没有找到有效的缓解情绪的办法。

例如，对自己的工作不满意，一时又找不到新工作，与其烦恼忧虑，不如好好审视自己的能力，给自己重新定位，安下心来，做好现在的工作，厚积薄发，等待机会；好久没有陪家人了，与其内心愧疚，不如这个周末彻底放下手头的工作，把时间留给爱人和孩子。

当你改变了对事情的认知，以及付出行动去改变令你情绪不好的事情，你心中的乌云便会渐渐散去，舒适的微风就会慢慢吹来。

第三个要义

尝试着以适当的方式来表达情绪

> 有了坏情绪怎么办?藏在心里?这样能走出坏情绪吗?大哭大闹,这样能有利于转化自己的情绪吗?有了坏情绪,却用了不适当的方式来表达,这只会让你的情绪更糟糕。尝试用适当的方式来表达情绪,才能让他人接受你的情绪,才能让你的情绪得到合理的转化。

◎ 有情绪不是什么大事儿

有情绪不是什么大事儿,因为每个人都有情绪,情绪是我们生命中不可分割的一部分。有情绪说明我们的生命是流动的,证明我们"活着"。没有情绪的人生,从某种意义上来说是种缺憾,因为少了很多体验。

佳佳和男朋友分手了,对于"恋爱大于天"的她来说,这可是一件令她难以承受的大事。一整天,佳佳不吃不喝,也不说话,一个人待在房间里抽泣,纸巾用了一大盒。

房间外的妈妈急得也想掉眼泪:"佳佳,开门啊,妈妈给你做了热汤面,你吃一点吧。别再想那个臭小子了,他配不上你。"

爸爸连忙走了过来,把妈妈带到一边来,说:"你这么劝她一点用都没有,你这会儿说什么她都听不进去。不要理她,让她一个人待一会儿。"

"不理她，那怎么行呢？孩子这么难过，不是正需要我们安慰吗？"

"孩子是需要安慰，但不是这个时候。这个时候你越安慰，她越觉得自己面临着巨大的痛苦。越是这个时候，我们越要轻松一点。不要过于担心，伤心、难过谁没经历过，不是什么大事，我相信佳佳会调节好自己的情绪的。"

果然没多久，佳佳出来了，很平淡地问妈妈："妈，有吃的吗？"

"有，有。"妈妈连忙端来了佳佳爱吃的肉丝面。佳佳"呼噜、呼噜"地吃着，妈妈小心翼翼地问："佳佳，你没事吧？"

"没事了，我就是想哭一哭，哭过了，一切就都过去了。妈，你放心吧，我会好好的。"

正如佳佳的爸爸说的那样：伤心难过不是什么大事；也正如佳佳做的那样：哭过了，伤心难过也就过去了。因此可以这么说，一个心理健康的人不是没有情绪，而是可以驾驭自己的情绪。

一个一点情绪都没有的人，恐怕只有死人，就像我们形容一个丝毫没有任何情绪波动的人为"木头人"一样。因此，人不可能没有情绪，喜怒哀乐是人之常情。

我们希望人能控制情绪，但并非要求人不动感情。人有点情绪真的没有那么可怕，因为心理学家认为，人远非想象的那样脆弱，有一点情绪，即便是坏情绪人们也能比较轻松地克服。因此，不要觉得你今天哭了，就认为自己不够坚强，怕他人嘲笑自己。"男人哭吧哭吧哭吧不是罪"，这是"人性"的体现；也不要因为你今天发了脾气，就有了负疚感，不停地自责，觉得自己没有涵养，素质不高。因为这两者之间没有绝对的关系，只要你表现得不过激，有点情绪就像吃饭穿衣一样再平常不过了。

所以，把情绪这事儿看得小一些、轻一些。如果你过于重视情绪，反倒会造成恶果：不是憋着不敢表达，就是要打人、摔东西。这样不但于事无补，于身心也无益。因此，不如轻轻松松地表达出来，让自己舒服一些。

明白了这个道理，你就不要因为自己有点情绪而有压力，而是要对情绪泰然处之。

1. 不要过于在乎情绪

不要过于在乎情绪，有些情绪会自然地来、自然地去。有些朋友对此可能会质疑，其实仔细想一想就明白：情绪来的时候并没有和我们商量，而是悄无声息地就来了，它那么自然地"蛰伏"在我们心里，有时我们都未曾察觉。

情绪自然地来容易理解，但它会自然地去吗？我们把情绪当成感冒，如果我们自身的身体素质够好，感冒是不是也可以"不治而愈"自然消失呢？有些小情绪如果不去理会它，随着时间的流逝，也会自然消失。

所以，对待情绪的态度不妨无所谓一些，当你的心理足够强大，对情绪不太在乎的时候，它也就不会顽固地附在你身上，而是在你不知不觉中已经消失了。

当然，对于某些更严重的负面情绪，还是必须要掌握更多适当的方法来转化。

2. 有情绪不是什么大事，该表达就表达

既然有情绪不是什么大事，那就不必藏着掖着，该表达就表达。当我们学会了表达情绪，不仅自身的压力得到缓解，与他人的心理距离也会更近。

例如，面对工作上的巨大压力，与其板着脸呵斥员工的不得力，不如真实表达："这个任务确实很艰巨，不但难度大，给我们的时间又短。我感到很焦虑，也有点担心，幸好有你们这些有经验的下属帮忙，让我心里踏实不少。"当员工听到领导如此真诚的表达，心里

一定会舒服很多,会愿意更努力地承担起自己的那部分责任。

因此,当我们把情绪表达出来,就会发现,他人并非不能理解和接受。

◎ 莫让坏情绪的洪水淹没我们

有一点情绪不是什么大事,但情绪若犹如洪水般泛滥,那可就是大事了。尤其是在人生的关键时刻,坏情绪会如洪水一般,顷刻将我们吞噬:

1965年9月7日,在美国纽约,世界台球冠军争夺赛正在举行。路易斯·福克斯对赢得比赛的胜利非常有信心,因为他的成绩远远领先于对手。余下的比赛只要他没有大的失误,便可顺利登上冠军宝座。他准备全力以赴拿下比赛,此时的他心情非常轻松,甚至有些得意。

然而,正当他准备击球时,一只苍蝇落在了主球上。路易斯没有在意,他挥了挥手赶走了那只苍蝇,然后俯下身准备击球。可当他的目光落到主球上时,这只可恶的苍蝇又落到了主球上,这时观众席上发出了笑声。路易斯皱了皱眉,没办法,他又挥了挥手赶跑了苍蝇。

当路易斯第三次俯下身准备击球时,这只苍蝇好像故意要和他作对似的,又落在了主球上。这个情景惹得现场的观众笑得前仰后合。此时的路易斯情绪已经恶劣到了极点,他再也无法控制自己的情绪,终于失去了冷静和理智。他愤怒地用球杆去击打苍蝇,一不小心球杆碰动了主球,裁判判他击球,他因此失去了一轮进攻的机会。

他的对手约翰·迪瑞见状大喜,马上抓住了机会,连连得分。而路易斯在极度愤怒和挫败的情绪下,接连失利,最终输掉了比赛。

输掉比赛的路易斯沮丧地离开了赛场。第二天早上有人在河里发现了他的尸体,他投水自杀了。

一只小小的苍蝇击败了一个世界冠军!一场失败的比赛让路易斯轻易地结束了自己的生命。这不仅令人扼腕长叹,更令人震惊深思:为什么会这样?原因很简单,路易斯没有找到适当的方式来表达自己的情绪,没有把自己的情绪控制在恰当的水位之下,而是任由自己的坏情绪泛滥成灾,最终淹没了自己。

有情绪不是什么大事,但必须被我们控制在合理的范围之内。如果把情绪比喻成水,那么合理的情绪水位必须控制在咽喉以下,如果蔓延到咽喉以上,情绪的洪水必然通过嘴巴、鼻腔等进入我们的身体,轻者引起我们身体的不适,重者会夺去我们的生命。

情绪表达指的是采用适当、合理的方式表达自己的情绪,既不能刻意压制,也不能无节制地在瞬间放纵。只有这样,情绪的水流才能有效地一点一点地排解出去,情绪才能得到纾解,水位才能下降。

情绪的表达方式必须以不伤害他人、自己和社会等方式来体现,否则,纾解了原来的坏情绪,却又产生了更多新的坏情绪。情绪的水位不但没有下降,反倒越涨越高。

就像路易斯用球杆打苍蝇这种错误方式来表达自己的坏情绪,他纾解了自己对苍蝇愤怒、讨厌的情绪,却因此导致了比赛的失败,由此产生了更多的失败的坏情绪。如果路易斯能找到某个人倾诉或其他合理的方式,来降一降坏情绪的水位,他就不会任由自己沉溺在这种情绪里无法自救。

如果路易斯当时能够用一种正确的方式把苍蝇彻底赶走,或者控制一下自己的情绪,不要理会那只苍蝇,一门心思击球,当主球飞速奔向既定目标的时候,苍蝇就会不赶自飞。那么后面的一切就不会发生。

所以说,我们在表达情绪的时候,不能单单把注意力集中在导致坏情绪的事物上,而忽略了表达情绪的方式。如果我们采取了错误甚至极端的表达方式,坏情绪就如无法控制的洪水猛兽,会迅速冲垮我们的理智,给自己或他人造成不可磨灭的伤害和痛苦。

所以,如果学会了表达情绪的适当方式,那么坏情绪不但不是无法控制的洪水,反倒变成了可以由我们驯服的小鹿。

◎ 控制情绪不是不表达情绪

情绪不该肆意泛滥,但这并不是让我们不动感情、不表达感情。在某些时候,我们就应该理直气壮、痛快淋漓地去表达自己的情绪。例如,黑心商贩不法敛财时,当我们受到他人欺负时,被人世间的善良感动时,这时候,只有让我们情绪得以充分的表达,我们才能感受到情绪宣泄的快感。

合理地表达情绪是需要的、健康的,现代社会也宽容着宣泄、谅解着压力。该生气时敢生气,该愤怒时敢愤怒,在现代社会也博得了人们的认同。每一种情绪都有它存在的价值,只要情绪不是"过度控制"或"失去控制",都会对我们有所帮助,但是有些人却不能很好地理解和把握这其中的尺度。

萧峰是个很善于控制情绪的人,他总是说:"小不忍则乱大谋。"

于是不管是好事、坏事都很少见他有情绪波动的时候。

例如，他升职的时候，身边的朋友为他庆祝，个个都很兴奋，但他却是一副淡淡的表情，朋友们问他："升职了，你不高兴吗？"

他说："高兴，但高兴也不能过度，不然别人该说我骄傲了。"

结果，为他举办的庆祝聚会很早就散了。

还有一次，他和女朋友走在街上，看到一个老人被一群地痞流氓欺负，女朋友气不过，要上前理论，他连忙拉住女朋友说："冷静冷静，千万别冲动。"女朋友因此说他是冷血动物。

就连看到那些感人至深的电影，别人感动得一把鼻涕一把泪的，他却无动于衷，别人问他："你不感动吗？"

他说："感动、感动，在心里默默感动。"

哪怕是出去旅游，看到令人陶醉的美景，他也很少兴奋，朋友都说他"老头"。

萧峰的确是个很善于控制情绪的人，但却过了头，把不该控制的也控制了。控制情绪若矫枉过正就会让我们失去了人性原本的美好。例如，你看见了一朵美丽的鲜花，却不去表达你的欣赏和赞美，那只能让人怀疑你生命的意义；看到了社会的不公，有人受到欺负，你也不去表达你的愤怒，那会让人很怀疑你的同情心和正义感；如果你取得了巨大的成就，也不去表达快乐，那么除了你的心已老又能有什么解释呢？

很多抑郁症的患者最显著的症状是情感淡漠，脑海里一点波澜也没有。生活本是丰富多彩、汹涌澎湃的海洋，热爱生命的人的内心也应该是有所起伏的。

即便是不好的情绪若表达出来，也有好的效果。金元时期的名医张子和善于使病人愤怒，运用"怒可胜思"的原理治病，获得奇效。这说明，只要表达得当，各种情绪都可使身心得益，使生活增辉。

控制情绪是为了将来有更长远的、更大的收益，是理性思考的结果。如果控制情绪的收益比将来的收益更小，人们就没有理由控制情绪了。"打不还手"是为了避免更大的冲突、更坏的后果，是为了避免引发彼此更坏的情绪，但当你被对方吐唾沫时若还不还手，你就丢失了自尊，一个没有自尊的人更是不会有好的情绪。

对于正向的情绪，我们更要积极表达。但我们的传统文化总是让我们的正向情绪变得"短命"，例如，"乐极生悲""生于忧患，死于安乐""好景不常在"，这些观念在潜移默化中使得我们的正向情绪短命或夭折。努力奋斗却不能无所顾忌地表达成功时的兴奋情绪，不是很奇怪吗？长期抑制正向情绪的表达不仅使快乐的感受变少了，最后还会让自己变得麻木了。

让愉悦的情绪得以轻松地表达，并维持得久一点；让不愉悦的情绪得以合理的表达，转变得快一点，这才是真正地与情绪和谐相处的方法。

不必时时刻刻控制自己的情绪，快乐和痛苦都不要刻意压抑，别怕自己出现情绪变化，丰富的情绪变化是上帝给人类的一种赏赐，这样，我们才能充分享受到多姿多彩的人生。最正确的表达情绪的方法就是：大胆表达正面情绪，合理表达负面情绪。

◎ 表达情绪要找到适当的方式

每个人都有情绪，但有的人的情绪我们可以接受，有的人的情绪却引起我们的反感和排斥，区别就在于他们表达情绪的方式是否妥当。表达情绪若没有合适的方法，不但不会被对方接受，还会激起对方更坏的情绪,自己的情绪非但没有得到转化,事情也会变得更糟糕。所以,表达情绪时不仅要自己"痛快",更要考虑到后果。

有一个指挥家对工作非常认真、挑剔,他的脾气不怎么好,经常会为了一点点小事而暴跳如雷,有一次他气得差点把乐谱撕了。

那一次,他指挥乐团演奏一位意大利作曲家的新作,乐队已经演奏得很好了,但有个地方还有点小瑕疵。他指挥乐队一遍一遍地演奏,可这个小瑕疵始终杜绝不了。这个指挥家终于忍不住了,他气得脸通红,对着乐手们破口大骂,甚至拿起乐谱就要撕。

乐手们都惊呆了,因为这是全国唯一的一份"总谱",假如被撕毁了,就再也无法演奏了,而且毁了作曲家的一番心血。

大家紧紧盯着指挥家的手,只见他举起的手,又缓缓放下了。他把乐谱好好地放回谱架,接着对乐手们继续指责痛骂。而乐手们悬着的心,也都平静了下来,开始更加努力地攻克这点难题。

培根说:"无论你怎样愤怒,都不要做出任何无法挽回的事来。"这说明表达情绪应该有一个原则和底线,那就是无损发泄。无损发泄就是在情绪爆发时,迅速对所处情境做出正确的判断,并选择一种无害于自己、无害于他人,并有助于解决问题的表达方法。

如果指挥家一怒之下把乐谱撕了,那就是既有害于自己又有害于他人。所幸指挥家没有这么做,而是选择了继续咆哮作为发泄情绪的方法。

表达情绪的目的一是为了解决引发情绪的事情,二是为了向对方传达自己的情绪,希望得到对方的认同、理解、安慰和鼓励。所以,任何表达情绪的方法都要遵循情绪表达的原则和目的,只有这样,表达情绪才有良好的效果。

那么,在表达情绪时,应该怎样做才是最适当的方式呢?我们来看看以下几点：

1. 表达情绪应该有"度"

做任何事情都应该有"度"，所谓表达情绪的原则和底线，其实也就是表达情绪的"度"。如果你想让对方接受你的情绪、理解你的心情，你就应该注意表达的"度"。否则你把对方激怒了，他也不可能在愤怒的情况下去理解你、安慰你。

例如，你和男朋友斗了几句嘴，男朋友拂袖而去，几天不理你。你心里特委屈，觉得男朋友不重视你。过了几天男朋友来找你了，本来是来向你道歉的、请求和好的，结果你一看到男朋友就大发雷霆、哭泣吵闹、乱摔东西，在言语上伤害他，结果男朋友再次拂袖而去。如果你表达情绪的方式不这么过激，而是装装可怜，诉说几句委屈，掉几滴眼泪，相信男朋友给你的一定是一个温暖的怀抱。

有时我们表达情绪就是为了向对方传达我们的憎恨，不求对方接受，那也要注意"度"。例如，有人伤害你的家人，你怒不可遏地去找他算账，把他毒打一顿，结果伤人致残，那么你就要为此负法律责任。

可见，无论你采用什么方式方法来表达情绪，哪怕是表达正面的情绪，也要注意"度"和分寸。

2. 表达情绪口气要婉转、措辞要合理

表达情绪要尽量口气婉转、措辞合理。也许你觉得：这我可做不到，有情绪时谁说话能好听！当然，情绪激动时，言辞未免激烈，"口不择言，句句伤人"的话经常冲口而出。但是如果你表达情绪的目的不是为了伤害对方，也不仅仅是为了发泄，而是为了和对方沟通和交流，同时解决问题，那你就必须收敛你恶劣的态度，改变你尖锐的说话方式。

用迂回、婉转的方式来表达你的情绪，尽量用平和的口吻、商量的语气来和对方说话。也许你觉得这样做会很难，但你必须尝试。

总之，只要本着表达情绪的原则和目的，都会是比较适当的方

法。尝试用适当的方式来表达自己的情绪,你的情绪才能得到缓解和转化!

3. 在他人背后表达情绪

为了不引起直接冲突,我们还可以在他人背后来表达情绪。

例如,一名公司职员怒气冲冲地冲进经理办公室,大拍桌子,指责经理处理事务不公平,要求增加工资,同事问他:"经理不在,你发脾气有用吗?"职员嘿嘿一笑说:"就是要趁他不在啊!"此时,他的怒气已经消了。

像这位员工用这么绝妙而又滑稽的方法来表达情绪,确实需要一定的想象力,不过效果确实很好的。

◎ 如何有效地表达自己的情绪

表达情绪的适当方式很多,有些方式既合理又能快速地被对方接受,同时又能解决问题,比如下面这个故事里的主人公采用的方法:

陈枫和梁晨是多年的老朋友兼合作伙伴,但随着事业的壮大,陈枫对梁晨的一些工作方法感到不满,他们对很多事情都有了分歧,彼此的感情也出现了隔阂。陈枫为这一切感到失落。

有一天,陈枫把梁晨约到两人常去的一个小饭馆里,对梁晨说:"我们刚认识时,一切都那么单纯,虽然吃苦受累但同心同德,非常开心。现在回想起那时候,心里还是觉得很开心。"

梁晨听了他的话,眼睛里湿湿的,两人都陷入对美好往事的回忆中。

过了一会儿，陈枫又说道："但是现在，我不知道我们怎么了，什么都想不到一块儿，彼此也不再信任对方。我们的友情不在了吗？我感到很难过。"

梁晨动情地拍着他的肩膀说："别难过，我们的友情当然还在。我会好好反思自己的，我们还是好哥们儿，对不？"

陈枫采用的表达情绪的方法是先说正面情绪，再说负面情绪。为什么要采用这个方法呢？

首先，正面情绪容易让对方的心情也好起来，在对方情绪好的状态下表达负面情绪，更容易被对方接受。其次，很多时候情况是复杂的，我们对某个人、某件事不是单单只有负面情绪，而是喜怒哀乐、五味杂陈。这个时候，如果我们能先说正面情绪，再说负面情绪，对方一定更容易理解和接受我们的情绪。

除此之外，还有很多有效地表达情绪的方式需要我们掌握：

1. 用文字来表达情绪，避免正面交流的尴尬和冲突

为了避免当面表达情绪时，自己和对方的情绪过于激动，或言辞不妥当，可以改用文字来表达自己的情绪。

例如，自己的工作失误，被领导狠批了一顿，自己心里特别憋屈，但面对面又不知该如何诉说自己的委屈，这时，不妨给领导发一封电子邮件，说清楚事情的原委，表达自己的心情。这种方式一定比面对面地交流更容易得到领导的重视，也更容易被对方接受。

因为用文字表达自己的情绪，可以梳理自己的心情，组织好自己的语言，不用担心不假思索的话会引起对方的不快，是更为有效的方式。

2. 清楚具体地表达情绪，对方更容易明白

我们在发脾气时，有时会听到对方这样的反馈："我不明白你究竟为什么生气？我到底哪里做错了？你告诉我！"我们气得七窍冒烟，

对方还糊里糊涂,这样表达情绪有用吗?

尤其是一些男女朋友吵架时,女孩子经常会为一些莫名其妙的小事生气、哭泣,她们不说出自己不开心的原因,妄想男孩子能够猜测出来。但可惜别人不是她们肠中的蛔虫,也不见得有耐心去猜测她们的心思,索性不理她们。她们的情绪不但没能得到缓解,反倒更堵得慌。

因此,表达情绪要清楚具体地说出自己不开心的原因,让对方了解到到底发生了什么事,他应该怎么做。唯有如此,你表达的情绪才是有效的。

3. 用他人易于接受的方式来表达情绪

表达情绪时,要学会"投其所好",用他人更容易接受的方式来表达。例如,你向喜欢的异性表达好感,如果他喜欢直接,你不妨直接说;如果他喜欢含蓄,你就要用送礼物、写信等比较委婉的方式来表达。

表达负面情绪时更是如此。如果你和他人有了摩擦,你很生气,向对方表达你的气愤。但对方是个吃软不吃硬的人,你如果用咆哮、指责、谩骂的方式表达你的情绪,他肯定不会接受。如果你用温和的态度告诉他你生气了,或许对方就比较能接受,"化干戈为玉帛"的可能性就大些。

4. 表达情绪时只说感觉,不要随便下结论

表达情绪若想达到良好的效果,要多谈谈自己的感觉,而不是随便对人或事下结论。例如下属的工作出了问题,你向他表达你的愤怒:"你把客户都得罪了,这个合同是绝对签不了了,真的不知道你来公司这半年都学了什么!"

表达情绪的同时给事情和员工下了结论,认为合同也完蛋了,员工也是个"笨蛋"。这样打击员工,他怎么可能接受你的表达。

正确的方式应该是淡淡说出自己的感觉:"这个客户恐怕是被你得

罪了，我真担心这个合同签不了。"如果是这样的表达方式，员工肯定会为了解除你的担心，继续去努力处理这件事情，或许事情还有转机。

总之，表达情绪要能纾解和转换自己的心情，并有助于问题的解决，这才是有效的方式。

◎ 摒弃不适当的表达方式

适当的表达情绪的方式会有良好的效果，不适当的表达情绪的方式则会有相反的效果。例如下面这个小故事：

小丽和男朋友约好到餐厅吃饭，男朋友告诉她，他会提前到，在公交车站等她，骑摩托车带她一起到餐厅。

小丽下了公交车，没看到男朋友的影子，就耐心地等了一会儿。10分钟还没见男朋友来，于是拨通了男朋友的电话，但无人接听。没办法，小丽只好继续等着。酷暑难耐，小丽又热又生气，心里想："说提前到，结果比我还晚，打电话也不接，到底是出了什么事？"

终于，在小丽到达半小时后，男朋友出现了。还没等男朋友说话，小丽就劈头盖脸地指责起男朋友来："说在这儿等我，结果我等你了半小时，我都快被晒化了知不知道？打电话为什么不接呢？你不知道我很着急吗？迟到了为什么不给我打个电话呢？你究竟在不在乎我？有没有考虑过我的感受？"

"我怎么不在乎你，不在乎你我能火急火燎地往这儿赶吗？我摩托车没油了，我去给摩托车加油了，谁知道排队的人很多，所以来晚了。我没听到电话响。"男朋友解释道。

"那你不能给我打个电话吗?"

"我……我没看时间,不知道晚了这么长时间,以为没晚几分钟。"

"别狡辩了,我看你就是心里没我,不在乎我!"

"你要非这么说,我也不想解释了。"男朋友也有些生气了。

"好啊,那就不用解释了。再见!"

于是,一场约会不欢而散。

表达情绪不是一味地指责他人,更不是不分缘由、不听解释地指责他人。当你一味地指责对方时,也会引起他负面的情绪。在这样的情况下,对方没有办法站在你的立场为你着想。因此,适当表达情绪是一门艺术,不仅要表达好自己的情绪,还要学会体会他人的情绪。

不适当的表达情绪的方式还有很多,只有知道了哪些方式是不对的,摒弃这些不对的表达情绪的方式,你的情绪才真正能得到释放。

1. 表达情绪切勿夸大其词,一点小事不值得这样

表达情绪时的夸大其词,表现在两方面:一,为一点小事就发脾气、闹情绪;二,发点小脾气就行了,你却没完没了,不依不饶,不把事情闹大、不让别人知道你多委屈就不算完。就像故事中的男朋友迟到了,小丽说他几句也就算了,她却数落起来没完没了,好像男朋友犯了多大的错一样,最后还"升华"到男朋友心里没有自己、不在乎自己。

有这么严重吗?当然没有!这样表达情绪只会让对方觉得你任性、不成熟、过于在乎自己的感受。本来对方还想好好安慰你,见你这么一"闹",他觉得"算了,反正和你也'讲不通'"。

因此,表达情绪过于夸大其词,只会给对方心里留下不好的印象和感受,不但你的坏情绪无法得到转化,还会影响你与他人的感情和关系。

2. 表达情绪莫要"口是心非",别人听不懂

"口是心非"很容易理解:就是嘴里说的和心里想的完全相反。

例如,喜欢对方,嘴里说的却是讨厌;关心、担忧对方,嘴里却说:"对,都是我不对,没事瞎操心,你出不出事跟我有什么关系?"明明心里很难受,想得到对方的解释、安慰和关心,表面却装作很平静、冷淡:"你不用向我解释,咱俩的关系犯不着。"这样的表达方式可能会引起对方的猜测,但结果也可能是"丈二和尚摸不着头脑"。

隐藏自己的真实感受,这是某些人表达情绪时惯用的方式,其原因是保护自己不受到伤害。但这样做真的就能避免伤害吗?未必!当对方听不懂你的"口是心非"时,他就会从表面来理解你表达的情绪,从而无从知晓你内心的真实情绪。所以,你会更失落,你的情绪依然无法得到排遣。

"含蓄"地表达情绪当然是没有错的,但也不必隐晦到这种地步。不是每个人的悟性都那么高,说不定对方还是个"木头疙瘩",所以,还是"有一说一,有二说二",莫把表达情绪变成对方的一种"考试"。

3. 用"摔东西"表达情绪,你还要收拾残局

有一个父亲在教训自己的孩子时,顺手抄起身边的一只碗摔在地上,刺耳的声音吓得孩子哇哇大哭。类似的场景大家都很熟悉——"摔东西",这是表达情绪时一种比较激烈的方式。

这种表达情绪的方式的恶果之一就是你要收拾残局。摔的不是贵重的东西倒也罢了,如果是贵重的东西,摔完之后你肯定要后悔、心疼;如果不幸又砸伤了人,这损失就更大了。

因此,用摔东西来表达情绪,不仅要承担经济损失、健康损失,还让对方对你这种表达情绪的方式感到害怕,也许还会留下心理阴影。你的情绪倒是发泄了,但付出的代价太大。所以,用"摔东西"来表达情绪,这种不适当的方式也要摒弃。

4. 表达情绪不要妄想改变对方

在表达情绪时，有时我们会这么说："这次我很生气，以后你不能这样了，你必须把你这个臭毛病改过来，必须按我说的去做。"

你很生气也许他能理解，但你妄想让他完全按你说的去做，恐怕难以实现。表达情绪的目的是为了找到心灵的出口，而不是为了改变和控制对方。

因此，如果你用这样的方式来表达情绪，多半是要失望的，因为没有人会让他人用情绪来"绑架"自己听从于他。

◎ 表达情绪不能伤害他人

表达情绪的原则是无损发泄，即不伤害自己和不伤害他人。但有一种表达情绪的方式却违背了这一原则，那就是用伤害他人的方式来表达情绪。

苏茜参加完同学聚会回来，心情很不好。一回到家，看到老公又躺在沙发上看电视，气就不打一处来，冲老公吼道："看，看，天天就知道看电视，除了看电视你还会什么？"

"我怎么着你了，你发这么大脾气？"老公一脸的纳闷。

"你怎么着我了？如果不是你，我能过得这么寒碜吗？"

"寒碜，你怎么寒碜了，你是没吃的还是没喝的？"

"我没像样的房子，我没车，我没名牌服装。"苏茜哭了起来。

"你为什么要和别人比呢？知足一点不好吗？"

"知足，你就知道知足，只有窝囊的男人才会说这样的话。"

"对,我是窝囊,结婚的时候你就知道我不是个有本事的男人。"老公也有点生气了。

"你何止是个没本事的男人,你简直就不是个男人!是男人就不会让老婆过这样的日子。"苏茜的话毫无顾忌地说了出来。

老公的脸色变了:"就算我不是个男人,你是个女人吗?腰粗得像水桶,嗓门儿大得像'河东狮吼',脾气暴躁得像泼妇!"老公也吼起来。

"你……你敢骂我。"苏茜气得抓起茶几上的烟灰缸朝老公扔过去,老公猛地转了一下头,但是,鲜血还是从老公的额头上流了下来。

很多人在表达情绪时,都会像苏茜一样,不由自主地把自己变成一只刺猬,以攻击他人的方式来发泄自己的情绪。这时,对方不仅会充满防御性,甚至还会反过来攻击我们,结果导致两败俱伤,让彼此的关系走向破裂,甚至给彼此的身心带来长久的难以磨灭的伤痛。

这话并非危言耸听,看看以下几点你就能体会到:

1. 用"语言暴力"表达情绪,让对方心如刀割

不知你是否有过这样的体会:某个人的一句话在你的心中久久无法忘记,每当想起就让你的心隐隐作痛。这句话可能是这样说的:

"你真是个白痴,这么简单的事情都做不好!"

"你活着有什么用!纯粹就是来世界上浪费粮食的。"

"像你这种一无是处的人,说出来的话我不会在乎的。"

"你是个男人吗?"

这些话,让人不寒而栗!在某一个深夜或人生的某一刻,当你想起的时候,像一把刀子一样深深刺痛着自己的心。用一个词来形容这种说话方式,就是"语言暴力"。所谓语言暴力就是用谩骂、诋毁、蔑视、嘲笑等侮辱歧视性的语言,践踏他人的自尊,致使他人在精神和心理上受到伤害。

有一种人在向对方表达愤恨的情绪时，非常喜欢和擅长用这种方式。他们用这种方式来"泄恨"，说出的话要多狠有多狠，要多绝有多绝，句句带刺，不留余地。当然，对方也不会任由你伤害他，他会还击，用更狠的话回敬你，于是互相伤害就形成了。

用"语言暴力"来表达情绪，其结果就是双方"伤痕累累"。也许，你嘴巴更厉害一点，说出的话更伤人，但伤害别人的人，自己心里也不会好受的。所以，用这种方式来表达情绪，并不能让自己的情绪得到好转，反倒让自己的情绪走向更坏的深渊。

因此，莫用"语言暴力"来表达情绪，伤害别人的同时也是在伤害你自己。

2. 用"冷暴力"表达情绪，会伤对方更深

有些人在表达情绪时，他们不使用语言暴力，他们用沉默对抗："我实在太生气了，气得都说不出话来了，我天天拉着个脸，不和你说话，让你知道我有多气"或者"反正我也说不过你，干脆我不吭声，我不理你"。

这种表达情绪的方式，叫作"冷暴力"。"冷暴力"的特征就是：长期性地沉默、不争吵但拒绝交流、漠视对方、拒人于千里之外。

"冷暴力"可怕吗？比起"语言暴力"可谓有过之而无不及。它虽然不会伤害你的皮肉，却会让你的心灵"千疮百孔"。用一句夸张的话来说：武力暴力可能会置人于死地，"冷暴力"却让人生不如死。因为，人心需要的是温暖，天天与"冷"相对，怎么可能好受呢？

那么，用"冷暴力"来表达情绪的人心里好受吗？也不好受！因为，把"气""怄"在心里，怎么可能不"怄"出病来。所以，用"冷暴力"来表达情绪，不仅丝毫不能转化你的坏情绪，还只会让双方的情绪更坏，这种方式必须抛弃！

3. 用"武力"表达情绪，双方都会有难以承受的后果

用"武力"表达情绪，这种方式大家都已很了解——把别人揍一顿。其结果大家也很明了：也许双方会扭打起来，都受点伤；或许你把对方打伤，赔点医药费；更严重的，你把对方打成残废，甚至打死，那么你进监狱；即便双方都毫发无损，对方也会对你充满怨恨。

不管结果是轻是重，你都不会沾什么光。也许你一时的情绪得到了宣泄，但你付出的代价是巨大的，后果可能是难以承担的，你的情绪会因此更糟糕，甚至跌落谷底。所以，用"武力"来表达情绪，这种方式是受到大家唾弃的！

综上所述，表达情绪不能伤害他人，这条底线不能打破，因为这丝毫不会有助于我们转化坏情绪。

◎ 表达情绪要避免"情绪化"

有情绪就要表达，但绝不是鼓励人"情绪化"。什么是"情绪化"？就是容易因为一些微不足道的小事产生情绪波动，言行不理智、冲动，情绪忽好忽坏，极其不稳定。我们常常形容"情绪化"的人喜怒无常，难以捉摸。

有一对夫妻，丈夫很疼爱自己的妻子，但妻子经常为一些家庭琐事烦忧，丈夫就想带她出去旅游散心。妻子知道了连忙说："不去不去，还要花钱。"可其实她内心很想去旅游，又想到丈夫也是为自己好，于是她纠结了两天，告诉丈夫说："还是去吧。"

丈夫去准备了，这位妻子又纠结了："旅游回来又怎么样呢？没解决的问题照样没解决。本来家里的经济就拮据，去旅游还要花那么多钱,玩着也不开心。"于是又告诉丈夫说:"还是别去了。"

　　这位"情绪化"的妻子弄得丈夫不胜其烦。除此之外,这位女士的"情绪化"也让孩子无所适从,孩子也弄不清楚妈妈什么时候开心、什么时候不开心,一不小心就触动了妈妈不开心的神经,遭妈妈训斥一番。

　　不过丈夫和孩子毕竟是家人,还能够包容和忍让她的"情绪化",但她的同事就不同了。因为她的"情绪化",经常为同事一句无心的话伤心、难过,甚至和同事吵嘴,因此,同事们觉得她"惹不得",都不愿意和她多来往。

　　显然,故事中的妻子非常"情绪化"。为什么会这样?因为她的心理不够成熟、心理素质不够稳定,因此导致其言行的不理智:在几天之内不停地更换决定。

　　情绪化的人有一个重要特征:他们的言行不是跟着理智走,而是跟着感觉走、跟着情绪走。他们极容易被情绪左右,只要满足自己需要的刺激一出现,就显得非常高兴;一旦发现满足不了,就会异常地失落。

　　同时,这些人缺乏独立思考,心理承受能力较弱,容易被他人和外界的情况所影响,所以,他们非常容易有情绪,且情绪"多变"。我们常说某些人"动不动就哭"或"一会儿哭,一会儿笑"正是如此。他们喜欢将一件很小的事情赋予强烈的感情色彩,而且对自己的这种表达情绪的方法还不自知。

　　所以,他们常常让身边的人捉摸不透,别人不知该如何和他们相处,就渐渐地疏远了他们。因为自己的情绪化,他们不仅自己过得不快乐,也给他人带来了困扰。所以,我们在表达情绪时一定要避免"情绪化"。

1. 理智一点，第一时间安抚自我

我们要理智一点，有什么事先别发火、动怒、伤心，先冷静下来想一想：我为什么要悲伤呢？这件事对我有这么大的影响吗？值得我这么动怒吗？我情绪这么激动有用吗？当你回答完这几个问题之后，相信你的情绪已经平复多了。

2. 有主见一点，别总被他人影响

对于情绪化的人，应该学得有主见一点，对事情有自己的判断："我有自己的想法，作出这个决定就不会随便改变，他们的看法不会影响我的心情。"当你变得有主见时，你的情绪就不会轻易被外界和他人所左右，自然就不容易"情绪化"了。

3. 坚强一点，提高心理承受力

我们要学着坚强一点，提高心理承受力，也可以避免"情绪化"。不要因为同事说了一句我们的不好之处，我们就真觉得自己满身缺点，因此自卑、难过得不得了。我们完全可以这么想："他人的一句负面评语不能抹杀我身上的其他优点，我不会太在意的。"

当你有了这样的心理承受力之后，就不会那么容易有失败感、挫败感、失落感等负面情绪，而是多了些乐观坚强的正面情绪，"情绪化"自然就不太容易发生在你身上。

4. 淡然一点，别太较真

我们要想避免情绪化，还需要淡然一点，不要对什么事都很较真。就像故事中的那位妻子，想去旅游就别太在乎金钱；明天的事明天再去烦恼，但今天要快乐。当你天天都能这么想，快乐当然会经常光顾你。

5. 转移注意力

转移注意力无疑是在短时间内转换情绪、避免"情绪化"最快的一种方法，结合自己的兴趣爱好，选择几项需要静心、细心和耐心的事情做做，如练字、绘画、制作精细的手工艺品等，当你的注意力转移到这些事情上的时候，自然无暇天天想着那些令你不快的小事了。

总之，表达情绪和"情绪化"是两回事，我们鼓励人有情绪就要表达，但不鼓励人"情绪化"。当你理解并做到了以上这些，相信你不会是个"情绪化"的人！

◎ 表达情绪的合理时机

有时我们在向对方表达情绪时，对方会这样说："有什么话以后再说，我正忙着呢！"而你却勃然大怒："为什么我找你沟通，你总是找这么多借口呢？"其实不是对方在找借口，而是你找的时机不对。时机不对，对方自然无法和你好好沟通。

因此，表达情绪不但要有适当的方式，还需要有合理的时机。

陈奇好几天没回家了，因为他和爸爸吵了一架。他想创业，向爸爸借钱，爸爸非但不给他，还把他数落了一顿。陈奇因此和爸爸吵了起来，还从家里跑出来，在同学家住了好几天了。

出来的第一天，他本想给爸爸打个电话，再沟通一下借钱的事，同时也向爸爸道个歉，但他忍住没打这个电话。因为他知道爸爸的脾气也不是很好，就这一天的时间他的情绪肯定没平复，再加上自己心里也委屈，一见面说不定又吵起来。因此，他觉得过几天再和爸爸沟通。

一星期后，陈奇买了爸爸爱吃的东西回家了，爸爸看到他回来，看了他一眼没说话，陈奇走到爸爸面前说："爸，我回来了。您不生气了吧，都是我的错，我不该那样说话，更不该冲您发脾气，您原谅我吧。"

爸爸依然没说话，但是看出来情绪还不错，陈奇于是小心翼翼地说："爸，那借钱的事儿……"

爸爸淡淡地说："存折在你的桌子上。"

陈奇打开存折一看：10万元。他高兴地一把抱住爸爸："爸爸，谢谢您！"

爸爸也笑了："你小子，以后不许那样和爸爸说话。"

陈奇之所以能化解与爸爸之间的矛盾和冲突，在于他给了彼此冷静思考的时间和空间。陈奇在思考过后知道了自己和爸爸说话的方式有问题，而爸爸在思考过后知道不管怎么样也得支持儿子的事业。双方在冷静过后都明白了问题最重要的方面是什么。因此，他们都从各自的情绪中走了出来。

由此可见，表达情绪的合理时机非常有助于问题的解决和情绪的转化，因此我们一定要知道什么时候表达情绪才是合理的时机。具体来讲，表达情绪的合理时机有以下几个：

1. 等彼此都冷静了之后再表达

当我们和他人产生冲突或摩擦时，彼此都在气头上，这个时候，如果盲目向对方表达情绪，说话必定会刻薄、尖锐，容易伤害对方。对方也会不冷静地还击，这样就会激起双方更大的冲突，既不利于彼此情绪的缓解，也不利于问题的解决。因此不妨等一等，等彼此都冷静一些再表达你的情绪。

冷静之后，也许你会发现，原来事情的真相并非如此，不值得自己发脾气；你的情绪也会稍微平复一些，想想应该怎么措辞才不会太过激。这时，对方的情绪也会不那么激动了，你们交流和沟通起来就顺畅多了。

因此，等彼此都冷静了之后再表达情绪，会是更好的时机。

2. 要在合适的场合表达

良好的表达情绪的合理时机，还包括合适的场合。例如，你和某位同事之间有了一点摩擦，你心里很不舒服，想和同事谈一下。如果有其他同事在场，你很多话可能就不太容易说出口，彼此的话题也谈不开，更别谈深入地沟通和交流了；或者对方不愿意让你们之间的事被他人知道，因此根本不理会你的表达。

所以，我们应该把对方约到一个合适的场合：一个安静的地方，一个优雅的餐厅，一个风景好的环境，有了舒适的、便于交谈的环境，彼此的心境也好一点，自然就有利于你的情绪的表达。

3. 等对方有时间的时候再表达

当对方在休息或忙碌的时候，他有时间和耐心听你表达情绪吗？当然没有。如果你这个时候表达情绪，肯定会遭到他的厌烦和拒绝。因此我们不妨等一等，等对方闲下来的时候再说。

4. 等对方有心理准备的时候再表达

等对方有心理准备的时候再表达，这一条很重要。例如，你和女朋友的关系已经非常恶劣，这件事已困扰你许久，你想把彼此的关系画个句号，想和女朋友谈分手。这个时候你就要考虑到她能不能接受，能不能经受这个打击。

你要让事情有个缓冲的时间，让她自己觉察到你们确实走不下去了，从理智上能接受这件事情，然后再把你的想法告诉她。在表达的时候可以这样说："我心里有些话想和你谈谈，可以吗？"而不是过于简单直接地表达你的情绪。

不要为了解除自己的负面情绪，就不管对方的感受如何。那样，对方可能不会接受你的表达，还会和你吵闹哭泣、纠缠不休，你的心情非但得不到解脱，反而会陷入更大的困扰。

◎ 表达情绪应该是互相的表达

我们在向对方表达情绪的过程中,一定听过对方这样的反应:"哎,你能不能听听我的解释?""拜托,你让我说句话好不好?"而我们呢?则固执、任性地说:"不听,不听,我不想再听你说一句话。"甚至会生气地把对方推到门外。这又是什么情况?就是在表达情绪时,我们只顾表达自己,而不给对方表达的机会。

我们学习如何表达情绪,不仅要学习如何向他人表达情绪,也要学习如何理解他人的情绪。因为,表达情绪不仅仅是为了发泄自己,更是为了沟通彼此。所以,表达情绪应该是互相的表达,我们要给他人表达情绪的机会,在对方表达情绪的过程中,要善于倾听,站在对方的角度去理解他的处境和感受,争取把矛盾化解,寻找更多的认同感。

小李把工作做砸了,失去了一个大客户,这可让他的老板火大了。老板对他一顿训斥:"早就跟你说过,这个客户很重要,让你盯紧点,盯紧点,你怎么做的呢?你有没有按我说的做?你知不知道失去这个客户对公司的损失有多大?是你再找100个客户也弥补不了的……"

"老板,我……"小李有话要说,却被老板打断了。

"你不用解释,你有什么好解释的,我不会听你的解释!工作没做好就是没做好,不要为自己找借口。以后再犯这样的错误,就连听我训斥的机会都没有了,直接走人!好了,下去吧。"

小李心里也非常委屈,可是,他却没有表达自己委屈的机会。

如果你是小李，面对这样的老板，你也会觉得很委屈。因为工作做砸了，自己心里也很难过，自己也有情绪，也很想向老板诉说原委，并表达歉意，但可惜他的老板不会沟通，只会"泄愤"。不给对方表达情绪的机会，只顾发泄自己情绪的人，其实根本不知道如何表达情绪。

所以，我们在表达情绪时，就一定不能犯这样的错误，必须注意以下几点：

1. 不要只是喋喋不休地诉说自己的感受

我们心中有了情绪时，都会觉得"堵得慌"，恨不得"一吐为快"，尤其是觉得对方不对的时候。这时候，我们的话像打"机关枪"一样，不停说自己如何生气、如何委屈、如何不满，同时指责对方"怎么可以这样，怎么可以那样"。我们不给对方说话的机会，不听他的解释，也不管他的情绪如何。甚至，我们甩门而去，完全不顾对方的感受。

有的人在表达情绪时可能没有这么激烈，但他们也是不停地诉说自己"今天好开心啊""今天烦死了"，完全不顾别人愿不愿意听。

这种在表达情绪时只顾自己痛快，完全不顾他人感受的人，首先是自私，其次是不尊重他人。对方不仅仅是你发泄的对象和你情绪的垃圾桶，也不是个被动的倾听者。他需要表达自己的感受，需要和你互动。当你剥夺了对方这个权利的时候，他就没有兴趣再接受你的表达。

2. 给对方表达情绪的机会

我们要给对方表达情绪的机会，不能只顾诉说自己的感受。在我们发泄完自己的情绪时，静静等待对方说出他的想法，而不是自己扬长而去，把对方的情绪憋在他的心里。否则，他早晚还会再找你发泄情绪。我们应该在表达的过程中问对方："对这个问题你怎么解释？""说说你的想法。"

在对方表达的时候，我们也不要随意地打断对方，更不要说这样武断的话："你不用说了，你说的我都知道，我不想再听。"当对方的情绪不能得到顺畅地表达的时候，他心里自然不痛快，会爆发更大的负面情绪，那么你们彼此的情绪都得不到转化。

因此，给对方表达情绪的机会，并耐心地倾听他人表达情绪，才更有助于彼此情绪的转化。

3. 表达情绪要力求双方的谅解

为化解矛盾、转化情绪，我们在表达情绪时，要力求达到双方的谅解和支持。要明白，表达情绪不是为了让对方知道自己脾气大，也不是为了谴责对方，而是让对方知道事情很严重，如果不解决，双方的情绪都会受到很大的影响。

因此，彼此在表达情绪时不要针对人，也不要过于在乎对方的态度，而是应该各自站在对方的立场多考虑，尽可能地谅解对方，反省自己，并找到解决问题的办法，才能真正让彼此的情绪得到转化。

◎ 表达情绪的五个层次

我们有了情绪时，会向谁表达？也许你会向亲朋好友诉说，也许你会在心里自己和自己对话，也许你会告诉山川河流，也许你会写一首诗向每一个听到的人表达，看看我们故事的主人公，她会向谁表达呢？

雨晴特别烦恼，她必须找个人说一说，于是她给自己的好朋友陈希打电话："陈希，我好烦啊。"

"你烦什么呢？"

"气死我了，领导承诺给加工资，可是别人都加三百，我才加了一百，你说我郁闷不郁闷。"

"哦，那你没去和领导谈谈，争取一下吗？"

"争取了，没用，领导说我这个职位只能加一百。"

"既然你已经努力过了，就只能接受事实了。虽然你这份工作工资不是太高，但包吃包住还有班车，待遇已经很不错了。现在哪一个公司有这么好的福利，你不偷着乐还烦恼。这份工作比你之前的几份工作都要好，你目前也不可能找到比现在更好的工作，所以，你有什么好烦恼的呢？"陈希耐心地开导。

"虽然你说得都对，可是我还是有点心理不平衡。"

"你这个毛病要改一改，不能总是为一些无法改变的事情烦恼，要学会调节自己的心态。你都多大了，不要总像个小孩一样，为一些小事闹情绪，应该成熟起来。"

"嗯，你说得对。跟你这么一说，我没那么烦了。好了，不打扰你了，有时间见面聊。"

雨晴选择了向自己的朋友表达情绪，我们就可以积极去学习。除了自己的朋友，我们当然也可以向其他人表达；除了向他人表达，也可以向物表达；既可以直接表达，也可以间接表达。

根据表达情绪的不同方式和对象，我们可以把表达情绪归为几个层次：

1. 向自己表达

向自己表达，也就是"自我表达"。有了情绪自己告诉自己，自己帮助自己派遣，这也有多种方式。比如自己在心里告诉自己"今天很开心"或"今天很郁闷"；写在日记里："今天发生了一件事，让我很不开心……"找一个安静的角落，默默思索，默默流泪，也是一种自我表达。

当我们不想让他人知道我们的情绪时，就可以选择自我表达，这是一种最简便易行的表达情绪的方式。自我表达的第一步首先是自我觉察，并能通过自我表达让自己的情绪得到排解和转化。一个没有自我觉察和自我情绪转化能力的人是不会采取这种方法的。

2. 向他人表达

向他人表达，就是把自己的情绪告诉他人。找一个朋友告诉他："我今天心情很不好，不找你说说太难受了。"现在还有更专业化的向他人表达的方式，就是向心理咨询师表达。在咨询师那里你会得到更专业的建议和更有效的帮助。

有些人有情绪就必须向他人表达，他们无法通过自我表达自我消解，必须通过向他人表达得到情绪的释放和宣泄，并期望在他人那里得到安慰和解决问题的建议。

3. 向环境表达

向环境表达，就是心情不好的时候，走出去，换个环境。到大自然中，在高山大海绿水面前，感受自然的博大和美好，把你的心事讲给自然听，站在山顶上、大海面前大吼一声，让大自然带走你的坏情绪。

4. 体验表达

体验表达就是通过各种体验把自己的情绪宣泄出来。例如，看球赛、看演唱会，随着球赛和演唱会的氛围，自己的情绪得到高涨，负面情绪就能得到好转。

也可以在艺术作品中去间接体验：看一场符合自己心境的电影、电视剧或小说。也许小说里的角色和你有一样的迷茫和困惑，他是怎么解决的？在艺术作品中寻找认同感和你想要的答案。也许艺术作品里没有直接的答案为你指点迷津，但人生都是相通的，总可以触类旁通找到一丝心灵的慰藉。

体验表达可以"动"也可以"静"，可以通过身体，也可以通过心灵，就看你喜欢或者适合什么样的方式。

5. 向人生表达

向人生表达，这听起来有点抽象，这是因为向人生表达是一种升华表达。当我们感到快乐和幸福时，我们做出更多有益于他人和社会的事情，把我们的幸福传递给他人，让我们的人生更有意义，这就是一种向人生表达。

尤其是有了负面情绪时，很多有"志气"的人选择了向人生表达。他们化迷茫为追寻，化悲痛为力量，贝多芬和司马迁是这方面的代表人物。在感叹命运沧桑的时候，贝多芬创作出了交响乐；在表达自己受到的屈辱时，司马迁写出了《史记》。他们的一生就是一种自我情绪向人生的一种表达。

很多艺术作品也是作者情绪的一种升华表达，其中充满了作者内心的情绪，所以和我们产生了共鸣，而共鸣正是我们给予作者最好的慰藉。

通过这么多的讲述，我们会觉得：坏情绪真的没有那么可怕，因为它有这么多的宣泄渠道和转化方式，而且还可以带来如此大的正面能量。所以，我们不必再惧怕坏情绪，而是要学会如何转化坏情绪！

第四个要义

疏导、缓解内心积累的不良情绪

有了不舒服的情绪,却不知道该如何疏导和缓解、不懂得及时转化,这只会让坏情绪泛滥成灾,让我们愈加痛苦。其实,疏导坏情绪的方法很多,如果你不了解这些方法,你不知道哪一种方法对自己更有帮助,那么"1分钟转化自己的坏情绪"又怎么可能实现?

◎ 莫让坏情绪"塞车"

如果把我们的心灵比喻成一条原本畅通无阻的公路,那么坏情绪得不到及时的疏导和转化会造成什么情况?——就会像一辆又一辆的汽车一样,不停地追尾,并最终在我们的内心越堆越多,犹如"塞车"一样,让我们的心灵找不到出口。

小潘早上醒来,一看天下雨了,天灰蒙蒙的,心开始烦躁:最讨厌下雨天了,不但走路不方便,坐车也比平时拥挤,晚上不知道还能不能和女朋友去散步。

小潘来到公交车站,等车的人果然好多,他决定坐出租车。好不容易等到一辆出租车,他落了座,座位上一股凉意,一看:"喂,你这车上怎么有水啊!"

司机头也不回地说:"下雨天能没水吗?可能是刚才的乘客把伞

放在车座上了吧。"

小潘心里一肚子火:"早知道还不如坐公交车,糟蹋了我的新西裤。这个鬼天气!"

屁股湿漉漉的真不舒服,小潘埋怨了一路,恨不得赶快下车。车一到站他赶紧付钱下车,到了办公室才想起来,司机没找他零钱!他心里更气了:坐了一屁股水,还白送司机10块钱,都是这鬼天气惹的祸!

还没等他坐下来,同事就通知小潘,他的企划案没通过,退回修改!那可是他熬了几个通宵、经过反复修改做出来的,已经完美无瑕,还要修改?他心里又委屈又气愤,把企划案搁到一边,等头儿来找他再说。这一天,企划案他也没修改,别的工作也做不进去。

一直到下班雨还下个不停,小潘依然打不起精神来,望着窗外阴沉的天气发愣。突然电话响起来,传来女朋友的声音:"你在哪儿呢?我已经在餐厅门口等你半小时了,10分钟后你再不到,以后别来见我!"说完"啪"的一声挂断了电话。

小潘飞似的冲了出去,心里骂道:"都怪这鬼天气!"

瞧,我们的坏情绪就是这样"追尾"的。一个坏情绪如果得不到及时的转化,就极易衍生出另一个坏情绪。如果小潘在裤子被弄湿之后,能够及时调整自己的情绪,就不会因为匆忙下车而多付司机10块钱,也不会引发出后面一系列的坏情绪,更不会因此忘了和女朋友的约会。

可见,当坏情绪"塞车"时,狂躁地"按喇叭"(就像小潘不停地埋怨鬼天气一样)没有用,而是要想办法让坏情绪该停的停、该转的转、该走的走,局面很快就能得到缓解。

当坏情绪刚刚冒头时,我们就要设法调节或转化,千万不要让坏情绪发展壮大起来。也许一开始它只是一只"蚂蚁",可是到后来,你会惊恐地发现它已经是一头"大象"了。

有一首歌是这么唱的:"生活是一团麻,总有那解不开的小疙瘩。"有一个小疙瘩的时候,就要想办法把它解开,等疙瘩结太多的时候,你就无从下手了。

要想让坏情绪得到疏导和转化,我们可以尝试做到下面三点:

1. 要懂得让坏情绪"刹车"

小潘的情绪为什么会"追尾",在于他不懂得让自己的坏情绪"刹车"。当他早上醒来,发现天气不好的时候,可以在被窝里发几句牢骚,郁闷一会儿,但起床之后,就要让这种情绪散去;虽然上班途中遭遇了很多不快,但到了办公室,就要让不快的情绪停止。如果你不懂得"刹车",让坏情绪不停地往前开,必然要出事故。

让坏情绪"刹车",其实并不难做到:和同事聊聊天,开个玩笑,尽快忙碌起来,一旦你有其他的事情做,转移了注意力,不快的情绪自然暂时抛到了一边,坏情绪就在1分钟内得到了疏导和转化。

2. 对一件事情要给予积极乐观的解释

要想转化自己的坏情绪,首先要改变对事物不合理的认知。小潘一下雨就心情烦躁,认为下雨会给自己带来很多的不便和麻烦。为什么不能这么想:"下雨了,空气可以得到净化、变得湿润,让人感到舒服;我可以打着伞和女朋友雨中散步,多浪漫啊!"如果这样想,他还会因为下雨情绪不好吗?

事情都有利弊,一个成熟的、积极向上的人,更容易看到事物的积极面,给予事物正面的解释,得到的自然是正面的情绪。

◎ 倾诉是最好的方法

在调节情绪的所有方法里，倾诉无疑是最好的方法。因为人在表达情绪时最渴望的是得到别人的理解和安慰，而只有倾诉能达到这样的效果。

孟丽最近情绪有点低落，其实也没发生什么大事，就是阶段性地有点怀疑人生，觉得自己活得没价值。可是她的这种情绪又不知道该向谁诉说，一般人肯定理解不了，说不定还会嘲笑她没事找事、自寻烦恼。

晚上，孟丽在网上碰到了自己的老同学，孟丽和这个老同学已经将近10年没见过面了，因为两人从高中毕业后就各自去了不同的城市，平时也不怎么联系，就连电话和QQ聊天都极少。但这个老同学却是这个世界上最懂她的人，在高中的时候两人就互相引为知己。

孟丽打出几个字："最近还好吗？"

"我很好，你呢？情绪不好吗？"

"哦？你怎么知道？"

"看了你的个性签名就知道了。"

"没什么，就是每隔那么一段时间，就有点怀疑自我，觉得人生没意义。"接着孟丽又说，"你不会觉得我矫情吧。"

"不会，我也常常有这样的时候，这说明你活得认真。敢于怀疑自我和向人生发问的人都是认真对待生活的人，但是，怀疑自我可以，不能否定自我。以我对你的了解，你永远都不需要怀疑自我，因为你的价值连你自己都不曾发现。"

"哦，你太会夸人了。安慰我可以，但不可以恭维我。"

"我要是恭维你的话，恐怕早就被你踢出好朋友的行列了。"

"谢谢你，和你聊聊感觉真好，寥寥几句就解决了我心里的困惑。"

"那当然，如果说不到你的心里去，怎么称得上是你的知己呢？"

有烦恼向朋友倾诉，这是我们情绪不好时第一个想到的办法。在向他人倾诉时，我们得到了对方肢体语言的安慰，言语的鼓励，他们为我们出谋划策，力求找到解决问题的办法。最重要的是：我们的心因能从中得到亲情友情的滋润，这对在坏情绪中挣扎的我们，显得非常重要。

就算对方帮不了我们，但是在倾诉的过程中，情绪就得到了缓解。当然，在向人倾诉时，也不是胡乱选择对象的。要根据自己的情况选择最合适的对象倾诉，否则你的倾诉很可能没有效果。

1. 向熟悉的朋友倾诉

选择向熟悉的朋友倾诉，这可能是我们有了情绪时首先选择的倾诉对象，因为熟悉的朋友最了解我们的生活，能给我们一些具体而有效的建议。

熟悉的朋友可以是家人、同学、同事，也可以是好哥们儿和闺密。具体选择什么样的朋友，要看发生了什么事。如果是人生路上的困惑，可以向生活经验丰富的父母倾诉；如果是工作中的问题，可以向同事倾诉；如果是女孩子之间的小心思，可以向闺密倾诉；如果是青春路上的迷茫，可以向哥们儿发发牢骚。

当然，这之间没有严格的对应关系，你觉得谁更容易理解你，更能给你安慰和鼓励，就向谁倾诉。

2. 向陌生人倾诉

向陌生人倾诉，这也是一个好办法。有时候，我们的心事不便让熟悉的朋友知道，或者怕熟悉的朋友笑我们脆弱，而在陌生人面前我们没有这么多的顾忌和压力，想说什么就说什么，就算陌生朋友不能给我们太多的安慰和建议，只要说出来了，就是一种宣泄。

这里所说的陌生人，可以是刚刚认识的朋友，也可以是网络上未曾谋面的朋友，或者是电台的心理节目主持人。但注意，向陌生人倾诉，不可轻信对方的建议，尤其是网络上的朋友，因为彼此都不了解对方，他给你的建议未必是对的，你也无法给予对方足够的信任。

3. 向知己朋友倾诉

向知己朋友倾诉，这其实是个"事半功倍"的办法，因为知己更懂我们，和我们更有默契，可以和我们做更深层次的、精神上的交流。但知己不是每个人都有的，所以这样的倾诉对象不容易找到。如果你有，那是你的幸运。也许三言两语，他们就知道我们的"症结"在哪里；也许他们只给我们一两句话，就会让我们的情绪烟消云散。所以，向知己倾诉很容易让知己的情绪得到缓解，是最轻松、快乐的交流。

这个知己，可以是同性，也可以是异性，红尘路上有知己相伴，你的情绪就有了最好的宣泄渠道。

4. 向心理咨询师倾诉

有那么一部分朋友，他们的情绪已然成病，且"病入膏肓"，这些朋友如果向一般人倾诉，估计都得不到好的效果，因为他们的问题太难了，需要专业人士来解决。这个时候，就需要找心理专家倾诉。

近几年来，心理咨询师已经越来越多，选择向心理咨询师倾诉、寻求治疗也不再是令人难以接受的事情。在他们那里得到专业的指点，解开你心中的郁结，打开你情绪通道，让情绪好起来！

◎ 让坏情绪在适度的牢骚中溜走

心情不好的时候,谁都会唠叨几句,发几句牢骚,不过爱唠叨、爱发牢骚的人似乎大家并不喜欢,他们常给人一种不成熟和缺乏修养的印象。但事实证明,唠叨和发牢骚能够宣泄人的情绪,爱唠叨、爱发牢骚的人寿命更长。例如,女士的平均寿命比男士长,这就跟女人爱唠叨不无关系。

在生活中,我们也常听到不少男士这样评价自己的妻子:我爱人其他方面都好,就是爱唠叨。确实,人们一直把唠叨、发牢骚当作一种不好的行为加以克制,但实际上,适度的唠叨和发牢骚对缓解人们的情绪是非常有益的。

宁宁在单位做销售,每天面对不同客户的刁难,工作压力很大,回到家总是发牢骚:有时怪客户太难缠了,有时怨工作太累了,有时说新来的同事太难相处了。老公看她总是发牢骚,就对她说:"要不你别去上班了,回家来我养你。"

谁知宁宁却说:"不上班怎么行,那多空虚啊。我发牢骚是一种减压的方式,唠叨几句能够宣泄掉心中的怨气,不至于产生抑郁情绪,并不代表我不想上班。"

老公听后觉得她说得很有道理,自此以后,每当宁宁发牢骚时,他都会微笑地听着,不急也不恼。

宁宁不仅对工作上的事情爱发牢骚,每天下班回到家,还喜欢唠叨老公:这个菜咸了,那个菜淡了;这没做好,那没做好。老公从不反驳,总是好脾气地听着。

尽管宁宁每天在家都要唠叨两句,跟老公发发牢骚,可在工作上,不管多难缠的客户都被她搞定了,不管任务多重她还是天天高兴地去上班,难处的同事也处得很好,老公做的饭菜每天也吃得一点不剩,宁宁唠叨完了,还是开开心心的。

其实,唠叨、发牢骚和倾诉一样都是把自己不好的情绪说出来,只不过倾诉更倾向于得到一个解决问题的办法,而唠叨和发牢骚更倾向于一种纯粹的发泄,唠叨的事情很多是无法解决的,而唠叨的人也没想过一定要解决事情,他们只是想通过唠叨缓解一下心情而已。

对普通人来说,生活中有很多事情不如意,人们产生了许多怨气、意见、看法,而这些事情我们第二天还要面对,于是就只能通过唠叨、发牢骚来缓解一下情绪。发过之后,我们才能用比较平静的心情来面对。

心理学研究证明,时常谈论自己的烦恼及发点牢骚的人,反而有助于"情绪受到控制"。这是因为唠叨、发牢骚从生理上能提高人体肾上腺素的分泌,有助于发泄自己的情绪。

因此,当你遇到令你不开心的事情时,可以唠叨几句、发发牢骚,适度缓解心中的不快,避免不必要的压力积累,对健康是有益的。但是,唠叨、发牢骚也得注意把握好一个度,否则就会过犹而不及。

1. 唠叨、发牢骚切不可过度

你可以偶尔唠叨、偶尔发发牢骚,却不可每遇一件事都唠叨、都发牢骚,此外,还应该避免经常就同一个问题发牢骚;否则,肯定要招致他人的厌烦。

2. 要注意场合

唠叨、发牢骚最好是在非正式场合,千万不要在办公室等公共场所，如果是见客户或在领导面前发牢骚，那结果就要背道而驰了。

3. 要看对象

唠叨、发牢骚的对象应该是对你友好、熟悉和随和的人，这样的人能够理解你的唠叨，与你产生共鸣，也会及时地给你安慰。如果你对着一些高傲、自我为中心的人唠叨、发牢骚，对方非但不会理解你，还会说你无聊、幼稚等，会让你的情绪更坏。

◎"一声叹息"赶走坏情绪

叹息和唠叨、发牢骚一样，长期以来被人们认为是消极和悲观的表现，所以，某些人为了不让他人看出自己的脆弱，就会把这声叹息压在心里。殊不知，用这种方式维护了自己在他人心目中的印象，却损害了自己的健康。

我们感到身体寒冷的时候，会忍不住打寒战；在身体困乏的时候，会忍不住打哈欠。其实，叹息和打寒战、打哈欠一样，正是心灵感到疲惫的一种自然反应。当你忍不住想要叹息的时候，就是自己的情绪需要发泄的时候。因此，当我们碰到无奈、无力解决的事情或者是难以完成的任务时，不妨来一声长长的叹息，叹息过后，心情就舒服了很多。

李阿姨和老伴是同一家国有企业的职工，近年来厂里效益不好，工厂准备实行"下岗分流"制度。李阿姨和老伴都担心自己的年龄大了，又没有特长，很可能在被"分流"之列，整天提心吊胆。每次和亲朋提起这事，都忍不住叹气。

除了为工作上的叹气，李阿姨还经常为家里的事情叹息：和儿媳妇有了摩擦，她叹气；小孙子不听话，她叹气；和老板吵嘴，她也叹气。可叹气归叹气，叹完气后，李阿姨还是会很乐观地生活。

可她的老伴，整天不说话，晚上还经常失眠，白天也不能集中精力工作，整个精神状态比她差多了。

面对同样的烦恼，李阿姨通过叹息来调节了自己的情绪，而她的老伴则近乎得了抑郁症。可见，叹息有安神解郁的作用。在情绪不好的时候，一声叹息，会有胸宽神定的豁达感。

叹气，就是把不好的气叹出去。叹息的时候，人犹如做了一次深呼吸，把有害的气体排出肺部，呼吸新鲜空气，让毒素不能在肺部沉积。同时短暂缓解了紧张的神经，让紧绷的大脑得到休息，不致过度疲劳。心脏负荷也随之减轻，患高血压的概率也低了许多。

曾有医生做过这样的实验：几个人叹息过后，测试到他们的呼吸和心跳都变得慢了，心理紧张状况也暂时得到改善。北京大学医学院也做过一项调查，常常叹息的人，相对从不叹息、有事都憋在心里的人，平均寿命要多出 4 到 5 岁。

可见，无论从生理学，还是从心理学的角度来看，叹息对健康都是有益的。面对竞争越来越激烈的现代生活，我们要试着以叹息来转化自己的情绪，保持身体的健康。一声叹息会让我们摆脱疲累的心情，呼出郁闷，再次充满活力，重新投入工作。但是叹息并不是万能药，并不能解决一切烦恼，凡事都叹息的人也有很大的弊端。

1. 不能让叹息成为习惯

叹息若成为习惯，也会像唠叨和发牢骚一样，惹人厌烦。因为你一叹息，别人就知道你碰到了难解决的事。总是叹息，别人就觉得：你怎么那么多问题，怎么什么事都解决不了。而且，情绪会传染的，总是叹息就会把自己的坏情绪传染给他人。同时也给自己一种感觉：我无法解决的事情很多，所以只能叹息。

因此，偶尔叹叹气，有助于缓解情绪，若经常叹息，并不利于自己的情绪转移。所以，对一些小事不要叹息，不能因此将小事放大后，将小情绪严重化。

2. 叹息不能解决问题

叹息并不能解决问题，叹息过后，心情是好了很多，但令自己烦恼的事情并没有解决，再想起来，还是会忍不住叹息。因此，叹息过后，还是要想办法解决令自己烦恼的事情，这才是真正让自己的情绪得到转化的方法。

◎ 用哭泣来释放坏情绪

我们常听到这样的话："人要坚强，不能动不动就哭。否则，就是懦夫的表现！"

其实，哭是人类的本能，刚刚出生时，我们什么都不会，却会哭泣。但长大后，很多人却丢弃了这一本能。因为在他们看来，不哭是成熟，不哭是坚强。

哭泣和不坚强并不能画等号。不哭的人，也许在心里流泪，也可能是已经麻木；哭泣的人，却会在悲伤得到释放后重新扬起生活的风帆。当我们无法承受痛苦之时，情绪已经到了崩溃的边缘，为什么不能扔下面子，大哭一场来释放情绪呢？

小张最近的情绪很不好，刚刚买了房子，借了好多钱，偏偏这时候母亲得了重病,急需手术费。这可让小张愁坏了,可是他还不能在母亲和妻子面前流露半点情绪,他是男人,是家里的顶梁柱,他可不能让家人看出他的脆弱。

这一天,他的好哥们儿小赵来医院看他的母亲,和母亲说完话,小赵拉他到附近一个小餐馆坐坐。小张坐在那里一言不发,谁都能一眼看出来他心情很沉重,在哥们儿面前,他再也不用假装轻松了。

小赵给他倒上一杯啤酒,对他说:"有什么话,跟我说说,别憋在心里。"

哥们儿的一句话让他的眼睛湿润了,眼泪在眼圈里打转:"唉,我真后悔买房子,我想把房子卖了。可是,卖了房子,老婆孩子还得跟我租房子住。我顾得了老婆孩子,就救不了老妈,你说我是不是太无能了!"说着,他忍不住抽泣起来。

"哭吧,哭一哭好受些。"听到小赵的话,小张再也忍不住,大声哭起来。

哭了一阵,小张停止了哭声,对小赵说:"在你面前哭鼻子,别笑话我啊。"

"怎么会呢?男人也是人,有了情绪也得释放,该哭就哭,这没有什么。哭完就舒服多了。"

就这样,小张哭了起来,就像一个孩子。当他的情绪渐渐平息后,小赵拿出一个袋子,放在他面前:"这是1万块钱,你先拿去给伯母看病,不够的咱们再想办法。"

"这……太谢谢你了!我一定尽快还你!"

小张在面对巨大的压力时,通过哭泣让自己的情绪得到了释放。生活中,我们也会看到许多人通过哭泣来释放自己的坏情绪:奥运赛场上,惨遭失败者痛哭而泣;幼儿园里,小朋友受到欺负时号啕大哭;单位里,受到上司的责骂时,我们流下委屈的眼泪。可见,无论何时何地，我们都可以通过哭泣来释放自己的情绪。

古语道："忍泣者易衰，忍忧者易伤。"可见，该哭时不哭，对健康危害极大。测试发现，悲伤时流出的眼泪，含有很多的荷尔蒙。流泪后的心情之所以会舒服许多，就是因为含有荷尔蒙的眼泪，冲刷了悲伤引起的毒素。

虽然哭泣可以释放我们的坏情绪，但我们还需注意以下三点：

1. 哭泣能释放自己的情绪，但这种方法不可滥用

通过哭泣，人们的情感得到舒展，但长时间哭泣对身体却没有好处。因为人的胃肠功能对情绪非常敏感，哭泣时间太长，胃的运动就会减慢，影响食欲，引发各种胃部疾病，对身体健康造成危害。我们常常在哭泣后吃不下饭正是如此。

我们既不能长时间哭泣，也不能因为一点小事就随便哭泣。因为发泄情绪应该有"度"，总是哭泣的人会引起他人的反感。而且因为哭泣，别人就会对我们施以同情和帮助，自己因此不再积极主动地去化解所遇到的困难，长此下去，我们应对困难的能力就会下降。

2. 哭泣只是释放情绪，哭泣后要解决问题

哭泣只能释放情绪，但并不能解决问题。情绪得到宣泄之后，要迅速擦干眼泪，从悲伤中走出来，想想出了什么问题，该如何解决，并立刻付诸行动去解决问题。只有解决了问题，才能切断令你悲伤的根源。

3. 哭泣不是女人的专利，男人哭吧不是罪

传统文化认为，男人应该坚强，应该"男儿有泪不轻弹"。所以，男孩在长大后很少再品尝眼泪的滋味。

可实际上，男人承受的压力比女人更大，在某种意义上说，他们比女人脆弱，他们更需要通过哭泣来释放自己的情绪。因此，男人们想哭就哭吧，因为哭泣真的不是女人的专利。当然，我们不用像女性那般夸张，我们可以在一个无人的环境中哭泣，可以在淋浴时哭泣,让自己的坏情绪在低调中得到释放。

总而言之,实在承受不了的时候,不妨找个地方大哭一场,也可以小声抽泣或默默流泪,只要哭出来,坏情绪就释放了出来。

◎ 笑一笑,烦恼少

西方有句谚语:"一个小丑进城,胜过十个医生。"人们为什么这样喜欢小丑呢?主要是因为小丑给大家带来了欢笑,而欢笑能带走人的抑郁情绪。

人在情绪不好的情况下,机体会分泌出过多的肾上腺物质,使人的心跳加快、脏器功能失调,此时如果能够让自己笑起来,身体便会立即松弛下来,人体的各种器官都会趋向良性,不好的情绪就会得到缓解。所以,笑能非常有效地缓解人的情绪。

小文在一家外企工作,每天的工作量都很大,他又有着很强的事业心,为了尽快升职,他就强迫自己成为"工作狂",基本没有什么业余时间。他们部门的员工上班在一起,下班都在职工宿舍,基本没有私人空间,经常吵吵闹闹的令他很烦。

有一天,他到一个商场去买东西,商场的大屏幕上放着憨豆的电影,那夸张的表情和动作逗得他哈哈大笑,霎时间什么烦恼都没有了。

这以后,只要有一点业余时间,他就到网上找喜剧电影看,除此之外他还听相声,找幽默的段子等。只要能让他笑的,他都找来看。他发现这些东西对人的情绪调节作用是神速的,短短几分钟的时间,他就能开怀大笑几次,所有的压力、烦恼在这一刻全消失了。

《圣经·箴言》上说:"笑可以像药一样对人们的身心产生有益的影响。"著名作家伯尔尼·希格尔也称笑为"人体的内部按摩师"。他说:"人在笑的时候,其胸部、腹部与脸部的所有的肌肉都能够得到轻微的锻炼,可以让人心情变得开朗,让疾病远离自己。"

确实如他们所说,笑声能很快带走人的病痛和坏情绪。有一个人也有这样的亲身经历:

因为对工作的过于投入,著名的化学家法拉第经常会感到头痛。很多医生面对他的头痛都无能为力,他为此很是烦恼。有一次在头痛时,他无意间听到别人讲的笑话,笑得前仰后合,突然头却不痛了。以后,他坚持听笑话,看喜剧电影,一段时间过后,他头痛的症状基本消失了,他再也不用为这个问题烦恼了。

笑的确是一服减压的良药,在缓解人的紧张情绪方面,药到病除,像魔术一样让人们心底的郁闷与不快消失得无影无踪。所以,当我们有了不好的情绪时,不妨开心地笑一笑,那么所有的不快就立刻消失了。

让自己笑起来的方式有很多,向大家推荐以下几种:

1. 听相声

听相声,这是让自己很快笑出来的最便捷的方式,一段相声时间不长,"包袱"却很多,让自己在相声演员"抖包袱"的过程中一次次地笑出来,相信在这一刻,所有不开心的事你都想不起来了。

2. 看漫画

在自己的床头、案头、包里放几本幽默的漫画书,随时拿出来翻一翻,笑几声,便可以消除烦恼。例如,《噱头漫画日和》《热带雨林的爆笑生活》《草莓棉花糖》《阿滋漫画大王》《爱丽丝学园》《从今开始做魔王》《全金属狂潮》等都是超级搞笑的漫画书。

3. **看喜剧电影**

夸张紧凑的故事情节，搞笑的造型和动作，幽默的语言，这些喜剧电影的必备元素，会让你狂笑不止。闲暇时，多看看喜剧电影，会让你立刻忘记烦恼。例如，《憨豆先生》《终极笑探》《笨贼妙探》《小鬼当家》以及周星驰的无厘头电影，都会让你捧腹大笑，忘却烦恼。

4. **讲笑话**

和他人互相开玩笑、讲笑话不仅可以缓和彼此的关系，也可以为自己和大家减压。你可以把自己平时听的相声、读的漫画书、看的喜剧电影讲给他人听，和他人一起分享快乐的心情。

◎ 不舒服时写出来

把自己的情绪写出来，用文字来抒发自己不愉快的情绪，这也是一种缓解情绪的方式。用文字来表达情绪，其实也是自己对自己的一种倾诉，当我们内心积累的情绪由心中到了纸上或其他的空间，我们的情绪或许就在1分钟内得到了转化。

小杨在一个南方城市工作，远离家乡在异地打拼，小杨心里总是有点寂寞。他的职位虽然不高，但工作压力却不小，有时很想去健身、去旅游，甚至去泡泡吧，放松一下自己，可是这些对他来说都是高消费。

但是，他总得找到一条宣泄渠道，于是他写博客、写微博，有时是一篇文章，有时只是一句话。例如，今天一个客户在我面前拍桌子，虽然客户是上帝，但是一个这么没有素质的客户我也不能无原则地容忍。

他的微博得到了朋友们的回应，他们和他讨论这个话题，并安慰他鼓励他，他的心情立刻好了不少。尤其是家乡的同学亲友看到了他的微博，纷纷对他给予关心，他感到和家乡的距离并没有那么远，寂寞的心情也缓解了不少。

用文字来抒发自己不愉快的情绪成了小杨的习惯，把情绪写出来的那一刻，小杨就只当坏情绪进了垃圾桶，他的坏情绪很快就能扭转。

作为一个现代青年，小杨用写博客的方式来抒发自己的情绪，让他的各种负面情绪缓解了不少。我们也可以把我们的情绪宣泄到纸上，如果你的文笔很好，不妨把你的情绪流露到公司的内部刊物上或者其他的媒介上，如果引起其他人的共鸣，那也是对你心情的一种慰藉。

如果你想用文字来骂人，当然也可以，你把某人的罪状和你对他的不满，一条条地写在纸上，不过写完了，你最好把它撕掉、扔掉，让坏情绪跟着这些碎纸屑就一起进入垃圾桶了。

用文字来抒发自己的情绪，也有好几种形式，我们不妨来详细了解一下：

1. 用写日记的方式向自己抒发情绪

用写日记的方式抒发自己的情绪，属于一种自我表达。当你找不到合适的人倾诉，或不想向他人倾诉，但又不吐不快的时候，就可以用这种方式。这种方式无须麻烦他人，无须借助环境，只需要一张纸和一支笔，对于现代的年轻人来说，则只需一台电脑：在自己的空间里、博客上写下自己的心声。

或许，你会边写边流泪，也可能会在日记里骂人，这都不要紧，因为没有人会看到或听到。你的表达是自由的，因此过程让你非常痛快，这种方式真的有助于自己在1分钟内转化坏情绪。

2. 用写信的方式向他人抒发情绪

我们也可以通过写信的方式向他人倾诉自己的情绪，这既属于用文字来抒发自己的情绪，又属于向他人倾诉。在写信的过程中，你就在不知不觉中梳理了自己的情绪，反思了自己的行为。他人收到你的信件后，会给你他的安慰和指点，那么你的情绪必将很快得到缓解。或许，在你写完信之后，就觉得没有发出的必要了，因为你的情绪已经得到转化了。

3. 用写作的方式来抒发情绪

很多作家在被问到为什么进行写作时，都会这样回答："因为我有很多困惑和迷茫，我需要倾诉，我需要在文字中寻找答案。"可见，他们也是在用文字抒发自己的情绪，他们甚至把这种抒发情绪的方式当成了职业。

在写作的过程中，作家们梳理自己的人生观、价值观，以及对人生和世界的种种认知；在梳理中，他们肯定自己正确的认知，摒弃不正确的认知，并把自己不确定的认知通过文字表达出来，和读者去共同思考。

对于我们普通人来说，也许没有作家们这么高超的写作技巧和这么高的写作境界，但同样可以通过写作来表达自己的情绪：不管是生活工作中的小事，还是人生中的大困难，都可以通过写一篇文章来表达自己的情绪，发表在网络上，不但可以得到网友们的反馈，自己的情绪也通过这种方式得到了释放。

◎ 音乐的舒缓作用

音乐就像一个按摩师，让我们的心灵得到放松和舒展；音乐又像一个朋友一样，在我们空虚时给我们陪伴，无助时给我们慰藉。美妙的音乐带给人们的是美丽的享受，性情的陶冶，心灵的传递。在情绪不好的时候何不试着让音乐来舒缓一下自己紧张的神经呢？

关颖的工作非常忙碌紧张，因为她是一个媒体人。她的工作不仅要考虑到大众的口味，还要让客户满意；不仅要考虑社会利益，还要考虑商业利益。各方面的诸多考量和权衡，总是让她感到身心疲惫。

还好，她有一个业余爱好——听音乐。每天晚上回到家，她都会听一会儿音乐，无论是流行音乐还是古典音乐，都能让她的心情得到释放。

这一天回到家，她打开贝多芬的《月光曲》，靠在床上静静听起来，渐渐地，她的心也被带进了音乐的世界，犹如在瑞士琉森湖月光闪烁的湖面上摇荡的小舟一般自在和轻盈。

听完了音乐，她的心情变得非常舒畅，很快就进入了梦乡。

音乐可以激荡人的内心，让人的内心从喧嚣归于平静，从浮躁转为淡定，生活中有音乐做伴，可以让我们的心灵得到净化。音乐又是寂寞的调料，是抒情的法宝，是情感的流露，是个性的体现，是我们开心时的朋友，也是我们失意时的伙伴。

音乐的无形力量远超乎我们的想象，所以我们的生活离不开音乐。音乐对人的身心到底有什么样的调节作用呢？

音乐可以让我们的身心得到放松，避免因神经紧张而导致慢性疾病的产生；音乐可以打开我们封闭的心灵，缓解我们忧郁苦闷的心情，达到心灵治疗的作用；音乐还可以帮助我们入眠，增大神经传导速率，让人的身心都得到适度的舒展。

所以，当我们情绪不好的时候，不妨到音乐中寻找乐趣，在音乐中得到自强的力量。不同的心境下，我们可以选择不同的音乐：失意的时候，听一听那些打动我们的经典老歌；情绪愤懑的时候，随着撕心裂肺的摇滚乐一起怒吼；内心浮躁的时候，乡村小调或许可以让我们的内心得到平静。让音乐的旋律抚慰我们的心灵，在歌词中寻找共鸣，让我们的情绪在这一刻达到最放松的状态。

在生活中的很多时刻，我们都可以通过音乐来给自己减压：

1. 清晨起来

每天早上，想起又要开始一天的忙碌，你是不是没有了起床的动力？那么让音乐给你一些能量，把闹钟设成优美的铃声，在音乐中洗漱、吃早餐，你会觉得这将是愉快一天的开始，虽然是繁忙的一天，但绝对是精神百倍的一天。

2. 上班路上

上班路途遥远，时间真是难挨，特别是在交通堵塞的时候，心情烦躁、不安，这时打开手机音乐，或在汽车里享受一段属于你自己的美好音乐时光，绝对可以在你到达目的地之前完全歼灭你因堵车而产生的坏情绪。

3. 烹饪和做家务的时候

劳累了一天回家还要做饭、做家务，真的很不情愿，但如果这个时候能有自己喜欢的音乐陪伴，那么情绪就愉快了很多。你也会慢慢发现，自己开始在厨房里找到一种完全放松的感觉，就餐时的心情也会完全不同，音乐会让你的晚餐变得轻松自在。

4. 睡觉之前

忙碌了一天，我们特别需要有好的睡眠让我们的身心得到充分的休息。可是，躺在床上却辗转反侧，无法轻松地入睡。如果在睡前听一会儿音乐，困扰我们的各种睡眠问题也将迎刃而解。

优美、舒缓的音乐，可使人感到轻松、愉悦，起到镇静、催眠等作用。但是听音乐时也得有所注意，不然也会对健康造成危害，如不能把音量开得很大，也不能长时间地听音乐，这样会对听力造成损伤。在情绪不好的时候，不要反复地听哀怨、悲伤的音乐和歌曲，这样非但转化不了自己的情绪，还会让情绪更糟。

◎ 更多放松心情的艺术形式

所有的艺术门类，都有缓解情绪的作用，例如，听音乐、书法、唱歌、弹琴、画画、创作艺术作品，等等。

李鸣是某大型商场的店面经理，每天处于嘈杂的环境中，面对形形色色的顾客。为了保证销售业绩，他一天不知道费多少唇舌，回到家里总是累得一句话都不想说。可每天上班李鸣都是神清气爽、笑脸迎人。

同事们纷纷问他："为什么你的精神状态这么好？"

李鸣说："因为我每天晚上都会在家里练书法、画画，这些活动能让我浮躁的心安静下来，对在嘈杂的环境待了一天的我来说，是一种很好的调节。我每天晚上都练一小时的书法和画画，练完之后就觉得心情舒畅，气定神闲。你们也可以找一些自己喜欢的艺术形式缓解一下情绪，肯定会有意想不到的效果。"

正如李鸣所说，艺术形式有缓解人的情绪的作用。近几年来，"艺术疗法"成为心理治疗的一种。它是以欣赏艺术作品、进行艺术创造作为治疗的手段。通过艺术表达个人的情绪和人生经验，将意念转化为具体的形象，使其人格获得调整与完善。这种方式可以提高人对事物的洞察力，达到净化情绪的效果。

具体来说，可以通过以下几种艺术形式来缓解自己的情绪：

1. 书法

为什么书法具有调节情绪的作用呢？因为练习书法必须气闭神静，眼、手、腕、脚、身、心等默契配合，牵动上百块肌肉，徐徐呼吸而精气调和。所以，练习书法可以使血气流通，体畅心舒。

另外，练习书法让人变得有耐心、专注，郁闷时写字，可使人忘却人间忧愁烦恼，变得专心致志，情趣盎然。练毛笔书法是一种高雅、有益的活动，能丰富人的精神生活，使人获得美的享受，心情舒畅，虚怀若谷，悠然自得。

2. 唱歌

唱歌有助于愉悦身心，这个我们都尝试过。心情不佳时，到KTV里吼一吼：失恋的，来一首《单身情歌》或《分手快乐》；需要鼓励的来一首《怒放的生命》；想发泄愤怒的唱一首最高音的《死了都要爱》；如果你有无数烦恼，不妨唱一首李宗盛的《最近比较烦》。

在歌声中，我们体会到的是超脱自然的乐趣。不要因为自己唱功不佳就不好意思唱，一定要大声地将自己内心的感情通过歌声表达出来。这样不仅能发挥歌声舒心养肺的健身功效，还可以在瞬间转化自己的坏情绪。

3. 弹奏乐器

通过弹琴来释放自己的情绪，不管你谈的是钢琴还是吉他或是古筝。当自己的情绪通过手指化为音符表达出来时，当旋律在空中流淌的时候，你的坏情绪也被琴声带走了。会弹琴的朋友可以利用这种方式来释放自己的情绪。

4. 进行美术创作

心情不好的时候，画一幅画。不用管你画的是什么，有没有人看得懂。可以随便联想、胡乱涂鸦，画了再擦，擦了再画。把你的情绪、意念通过画画表达出来。也许画完后你会一把撕掉，随手扔掉，你的坏情绪很可能随着这张被撕毁的画而散去了。

5. 创作艺术作品

创作艺术作品可以有多种形式，例如，制作陶艺、十字绣、蜡染等，在投入创作中，你会不由自主地集中精力，忘却了烦恼。当一件作品被制作成功后，你又体会到了创作的乐趣。这样，坏情绪得到了转化，被好情绪取而代之。

用哪一种艺术形式根据自己的情况而定，也可以几种形式结合起来。通过这些艺术形式，我们的生活更充实了，没有过多的时间去想那些令我们烦恼的事情；我们的艺术欣赏能力得到了提高，灵魂得到了升华，不再容易为那些小事、俗世纠结，自己的情绪自此得到了合理的疏导和控制。

◎ 在大自然中放飞心情

人们整日为生活奔波，在钢筋水泥的筑墙中寻找梦想，难免碰壁、受到挤压，也因此产生了很多坏情绪。整日面对着同样的人、同样的环境，心情自然很难"焕然一新"。因此，在社会中产生的坏情绪不妨到自然中去发泄，换个环境，就换了种心情。

而且，人具有双重性，属于社会，更属于自然，不仅需要在社会竞争中寻找价值感，更需要在大自然中放飞心情。

小云在这个城市工作已经三年了，三年来她都没离开过这个城市。工作的压力和生活的单调乏味以及其他的小烦恼，都让她有一种想放逐自己的感觉。她想去旅游，她想去放飞自己的心情。

趁着休年假的机会，她来到了海南。站在宽阔无垠、美丽的大海边，她激动不已。她对着大海尖叫，在沙滩上奔跑，到海中去嬉戏，乘着快艇在海面上驰骋，这种感觉太痛快了，她忘却了一切，忘记了工作中的诸多烦恼，忘记了头脑中令她烦忧的那个"他"。

以后，只要有机会，她就会去旅游，不管远近，能去哪里就去哪里。在杭州，平静的西湖让她烦躁的心情得到了宁静；在凤凰，她紧张、焦躁的情绪得到了慢生活的调节；在郊区，在农家的菜园子里她享受到了自然的乐趣。

只要到大自然中，她的坏情绪很快就能得到转化。从自然再回到城市，她对工作和生活的热情就高了不少。小云觉得，大自然真是个奇妙的情绪转化师！

大自然对小云的情绪转化作用是显而易见的，这是因为，人的天性是渴望自由的！可是在社会中，我们有着各种各样的束缚，承受着太多压力。唯独在大自然中，心情才能得到释放，才能体会到返璞归真的美好。

所以，当我们觉得不快乐时，不妨深入到大自然中，翻阅自然这部无字之书，感受一下自然的博大和深邃，对比自己的渺小和浅薄，就觉得自己那点小烦恼实在不值一提；看着自然的美丽景色，就会觉得与其浪费时间去烦恼忧愁，不如好好去享受人生的美好。

很多文人墨客在人生不得意时都喜欢寄情于山水，在山水之间，物我两忘。作为现代人不妨多效仿一下古人，让灵动的水洗去我们心底的尘埃，让厚重的山沉淀我们内心的浮躁，让自己的心灵得到彻底的放松。

而且你如果尝试这样做，心情更是会得到彻底的放飞。

1. 面对高山大海喊出自己的坏情绪

王力宏有一首歌是这么唱的："最近比较烦，最近情绪很 down，每天看新闻，都会很想大声尖叫。"的确，情绪不好的时候我们很想大声尖叫，可是在哪里尖叫呢？若是在家里大叫一声，没准儿会遭到邻居的投诉；若是在公共场合大叫一声，没准儿会遭到周围人鄙夷的眼光："神经病！"

城市的空间太狭小了，连喊叫的地方都没有。可是在大自然里，你可以无拘无束地大声喊叫。攀爬到山的最顶端，或在一望无际的大海面前，放松站立，把手放在嘴边，大喊一声，声音越大越好，尾音越长越好，这样才能将内心的积郁发泄出来。

2. 彻底放下一切杂事，好好享受自然

既然想彻底放飞自己的心情，就不要牵挂这牵挂那，把工作安排好，把一切琐事安排好，把手机关掉。不要想着我离开了几天，有些工作别人就做不了，放心吧，地球离了你照转；不要担心自己请了几天假，就少赚了一点钱，钱重要还是健康快乐重要？当你调试好了心情，以昂扬的斗志投入工作中，你的工作效率会更高。

所以，既然出来玩，就放下一切杂事，好好享受自然。不管是独自一人，还是和家人朋友一起，都好好珍惜这段时光。这样才能真正让情绪得到释放，心情得到放松。

◎ SPA 的减压效果

在轻音妙曼、花香袅袅中,手指在脸上轻轻滑过,您可以一边享受一边闭目养神,在这一刻,身体的疲劳、心里的压力都得到了彻底的放松和缓解。这,就是 SPA 的奇妙体验。

对于很多朋友来说,SPA 是她们缓解压力、释放情绪的好方法。在幽雅的环境中,一边享受按摩的感觉,一边和自己的朋友聊聊天,这种感觉太惬意了。

为什么很多朋友这么钟情 SPA 这种减压方式呢?因为 SPA 可以治疗人在生理和心理方面的疾病,它可以消炎、抑菌、活血脉、消除疲劳等,还可以缓解人的精神紧张、消除烦恼、焦虑等。在现代都市里,SPA 是一种时尚的美容方式,更是一种时尚的缓解精神压力的妙方。

林芳在国外生活多年,现在上海一家企业担任部门总监,平时工作压力很大,时常感到疲倦。她的薪水很高,但是付出的体力和精力也是巨大的。

但是,只要上班,林芳总是充满了激情。大家都问她是用什么方式来解压、调节情绪的?她微微一笑说:"SPA。"

的确,SPA 是林芳最喜欢的减压方式。以前她经常与同事们一起打球、下棋、游泳等,以此来缓解压力。但是这些运动项目总要其他人配合才行,经常因为约不到人无法实行。

有一次出差时,朋友说那里有一家 SPA 非常受人欢迎,就带她去尝试了一下。刚进SPA所,林芳就被其中美妙的氛围所陶醉:轻音妙曼、天然的花草香袅袅地升腾在雅致空间里,她能够感受到水滴、花瓣、绿叶、泥土的亲抚,呼吸着来自自然森林原野的植物所散发出的清新气息,一切好像都归于了平静。在这一刻,她的思绪变得缥缈,一切烦恼都消失了。

从这以后,林芳爱上了SPA,有时她和朋友一起去,有时自己去。SPA是一种从体力与精神上双重放松的减压方式,让她天天保持着工作的激情和情绪的平和。

林芳找到了最适合自己的减压方式,体验到了身心放松的感受,疲惫的精神很快得到缓解,紧张的情绪也随之消失。

也许有的朋友还不是很了解SPA这种减压方式,那么我们一起来看一看SPA到底是什么?SPA是指利用天然的水资源,并结合沐浴、按摩和香薰来促进人体的新陈代谢,利用音乐、天然的花草香薰味、美妙的自然景观、健康的饮食、轻微的按摩呵护来满足人们各种感官的基本需求,使人达到一种身心舒畅的感受。

SPA是怎么来的呢?传说有一个身患重病的人来到比利时列日市内一个小镇,他发现周围有着十分美丽的森林与含有丰富矿物质的热温泉,森林中轻音妙曼,水中鱼儿欢畅地游着,他闻到自然森林所散发出的清新气息,顿时忘却了烦恼。他在这个森林待了很久,后来发现,身上的疾病不治而愈了。

很多女性朋友爱做美容,SPA也包含了美容的部分功能,例如,洁净皮肤、身体按摩等,但它更强调人与周围环境的互动与契合。营养、身体的运动、心灵的释放、全身的保养与调理是SPA的四大内涵。SPA就像是一座加油站,补充了人体的各种能源。

对于很多人来说,SPA是一种全新的、时尚的减压方式。它已经成为现代都市白领回归自然、消除工作压力、休闲、美容于一体的时尚健康生活理念。

SPA 的方式是多种多样的，下面为大家介绍几种：

1. 精油型浴盐 SPA

这种方式适合那些因经常加班、熬夜因而精神紧张的都市白领们，它能够有效地缓解精神疲惫。精油中"油"是一种植物的荷尔蒙，它对人体的功效在于从人体的神经着手，改善人的心理、情绪以及心灵，着重人体的内在调节。

这种方式就好像是一个心灵魔术师，在你疲惫或无助的时候，唤回你对未来的美好希望，对幸福生活的向往。因此每天下班后，我们可以用精油型浴盐泡个澡，不仅可以让自己一天的疲惫得到缓解，还可以让自己睡个好觉。

2. 温泉浴盐 SPA

温泉浴盐中含有镁盐、钙铁盐、锌盐等多种矿物质成分，如果你有失眠、疲劳、心烦气躁、焦虑、精神紧张等症状和情绪，可以用这种方式得到舒缓。这种方式主要是解除腰颈的酸乏，它通过活络人的筋骨，增加人体的血液循环，对于"坐班一族"是很好的放松方式。

3. 中草药浴盐 SPA

如果你的工作需要经常在外走动，就可以使用这种方式。比如记者、销售人员等。它的功效主要是除菌、消炎、解乏减压，增强足部的底气。我们长时间在外站立奔走，容易因体力疲惫而感到心烦气躁，而中草药浴盐 SPA 可以通过补充人体脚部的精气使人精神百倍、压力尽失。

◎ 调节情绪的其他方法

　　调节情绪的方法还有很多，可根据自己的性情、自己的喜好来选择适合自己的方法，只要能达到调节情绪的目的，都可以融入我们的生活中来。

　　今天是星期六，晓婷睡到上午10点才起床，仍然觉得困倦。忙碌了一周，不但身体累，诸多的烦心事让她的心也很累，她很想放松一下。
　　她给她的好姐妹小霞打电话："出来吧，我们一起做瑜伽去。"
　　"好啊，"小霞痛快地答应了，"我也正想找你，最近都烦死了。"
　　在瑜伽馆里，她们弯曲了一周的身体得到了舒展，烦闷的情绪随着汗水一点点散发出去，舒缓的瑜伽音乐像是在抚摸她们的心灵，她们的全身心都感到非常舒畅。
　　从瑜伽馆出来，已近中午，小霞拉着她来到她们常来的餐馆里吃饭，小霞点了一大堆菜，晓婷问道："怎么了，又和男朋友吵架了。"
　　"唉，吵得都没力气吵了，真烦！"
　　两人一边吃，一边互相诉说着烦恼，咒骂着令自己烦恼的事情和人，不知不觉一桌子食物都进了肚子了。
　　小霞说："我们可不能就这么回去，一定要再运动运动。我们去逛街。"
　　于是两人来到最喜欢逛的一排街边店，各自给自己挑了几件漂亮的衣服。望着镜子里漂亮的自己，两个人都得到了满足。

晓婷说:"今天又吃大餐,又买了这么多衣服,心情真好啊。你也不烦了吧。"

"烦什么啊,瞧我们的日子过得多好,那些人、那些事才不值得我们烦呢。"

瞧,这两个人多懂得释放自己的情绪。其实,排解自己的坏情绪就这么简单,就是有这么多方式,只要你会合理运用,坏情绪都可以在1分钟得到转化。

1. 把坏情绪像汗水一样挥洒出去

都市里的白领一族大多都是"坐班一族",颈椎病、"亚健康"几乎人人都有,再加上工作压力、快节奏的生活等,导致很多人都精神萎靡不振,情绪低落消沉。

要想改变这种状态,运动是一种很好的方法。"生命在于运动",不仅是因为运动能使我们的身体更健康,更是因为运动能释放我们的坏情绪,让我们拥有更饱满的精神状态。

为什么这么说呢?首先,运动会出汗,而流汗是非常好的排泄方式。为什么过去的劳动人民没有"亚健康"状态呢?就是因为他们每天都要出汗,那是非常有效的排毒措施。现代人有了空调,很少再有出汗的机会,因此,必须通过运动出汗。其次,运动能提高我们的抗挫能力,承受挫折的能力一旦增加了,便不容易有挫败感等负面情绪。

因此,每周甚至每天都运动一会儿,大汗淋漓过后,你的坏情绪也随着汗水挥洒了出去。

2. 和朋友聚会,吃出好情绪

有的朋友情绪不好的时候,会选择用吃东西来发泄自己的情绪。的确,当自己的心情感到失落时,用填补自己的肚子、满足自己的味觉这种方式,来弥补心情的失落,未尝不是一种办法。但自己一个人吃未免乏味了些，万一不小心吃多了、吃胖了，更影响自己的情绪。

所以，想吃就找朋友一块儿来吃，在享受美食的过程中，可以向朋友们发发牢骚，也可以什么都不说，单纯地吃。在玩玩闹闹、说说笑笑中，你的坏情绪不知在哪1分钟已经消失不见了。

3. 睡出好心情

睡觉也能让情绪变好。你试过这样的方式吗？有时遇到烦心事时，一时也解决不了，可是我们又想让自己的情绪在1分钟就得到转化，这时不妨蒙着被子睡一觉，能睡多久，就睡多久，最好睡到自然醒。

眼睛闭上的那一刻，坏情绪就暂时抛开了。一觉醒来，身体和大脑都得到了充分的休息，身心都轻松了不少。这时再冷静地想想令自己烦心的事情，发现也不是什么大事，坏情绪自己消失不见了。

4. 逛街购物，美丽的外表也能营造出好情绪

外表是能影响自己的心情的，相信很多朋友对此都不反对，尤其是女孩子。当被人夸奖"帅气""漂亮""有气质"的时候，我们的情绪就会好很多。

因此，情绪不好的时候出去逛逛街，看看那些美丽的橱窗，时髦的服装，看着镜子里美丽的自己，你的心情也会愉悦起来；逛逛街、散散步，用自己挣的钱装扮自己，你还能从中感到价值感。这种带来正面情绪的方法我们可以时不时地尝试一下。

5. 按摩、冥想、香薰、瑜伽，让自己的心情静下来

情绪不好时，我们的心情处于一种狂躁、不安的状态，犹如一只发怒的老虎，也可能是一只惴惴不安的小兔。要制伏这只发怒的老虎，让这只小兔的心情平复下来，就要让它暂时安静下来，而很多方式都有这样的效果，例如，按摩、冥想、香薰、瑜伽。

这些方式不仅可以放松我们的身体，也可以放空我们的心灵，具有身心合一、修身养性的作用。那些折磨我们的坏情绪随着我们平静的心态渐渐转化、消失。

◎ 用错方式，适得其反

坏情绪是个可怕的东西，不仅会伤害自己，也会伤害他人。不恰当的发泄方式会把你变成一个疯子。这话绝非危言耸听，看看下面这个故事：

陈兵和女朋友吵完架出来，他的情绪坏到了极点，恨不得把自己摔死。他先到小饭馆里喝了几瓶啤酒，把自己灌了个半醉。

然后，他骑上自己的摩托车，风驰电掣一般飞了出去。骑在摩托车上的他晕晕乎乎的，眼前的一切都那么朦胧，只有女朋友绝情的眼神在他眼前浮现。他要骑得快一点，再快一点，他想飞起来。他似乎听到身边有人在叫："神经病！""这人疯了吧。"

"疯了才好呢，就让我疯了吧。"他想。这时，"砰"的一声，他和另一辆摩托车碰到了一起，对面摩托车上下来一个人，揉着胳膊对他高声骂道："你不要命了吗？"

陈兵来到他面前，对着他就是一拳："老子就是不要命了。"

对方和他厮打起来，很快有人报了警，警察赶来了，陈兵终于消停下来，一看，自己脸上、手上、腿上都是血，对方身上也是血。他这才清醒过来，自己闯祸了。

结果，陈兵不仅赔了对方5000块钱的医药费和摩托车修理费，自己还受到了治安拘留的处罚。

陈兵发泄情绪的方式不可谓不"过瘾"，但是其结果是什么呢？

身体受伤、金钱损失，被拘留，在拘留所的陈兵估计更郁闷吧。因此，用这种极端的方式来发泄情绪，后果真的是太可怕了。

所以，像类似陈兵这样的发泄情绪的方式必须制止！也许你对此还有不同意见，那么不妨让我们仔细讨论讨论。

1．"买醉"

"买醉"，就是用酒把自己灌醉。有时候，我们陷入某种情绪中无法自拔，觉得什么方式也不足以宣泄我们的情绪，只有喝酒；有时候，我们觉得什么排解情绪的方法，都不如用喝酒麻醉自己来得痛快。于是，我们选择了把自己灌醉。

但买醉真的能发泄我们的情绪吗？的确，在喝醉的那一刹那，人事不省的我们确实什么痛苦都感觉不到了。但我们总有清醒的时候，清醒之后，什么都没有改变，事情没有解决，坏情绪也没有消失，甚至我们会觉得更痛苦，因为我们的身体受到了酒精的摧残。

更为严重的后果是，因为喝醉我们闯了祸：摔坏了东西，打了人，开车出了事故。买醉，不仅没能让我们的情绪得到缓解，反而使我们陷入了更糟糕的境地。

因此，用"买醉"来发泄自己的情绪，结果必然适得其反。

2．"飙车"

轰鸣的引擎，追风的速度，我们称为"飙车"，年轻一族喜欢用这样的方式来发泄自己的情绪。在公路上飞速驰骋，他们的情绪和车一起"飞翔"。在那一刹那，他们的神经受到了强烈的刺激，忧郁郁闷的情绪似乎消失不见了。

但是，用"飙车"来发泄情绪，是公然挑战法律、道德和安全，完全置自己和他人的生命安全于不顾，是极不负责任的表现，后果也是不堪设想的。而且，这种方式只能暂时性地刺激自己的神经，不能从根本上改变自己的坏情绪。所以，这种既不利己又不利人的发泄情绪的方式，不能尝试！

3. 自残

某些人在感到极度绝望时，会用自残的方式来发泄自己的情绪。自残是指自己伤害自己身体。轻度的自残。例如，不吃饭、用手击打墙壁或玻璃、用刀片割伤手腕等，令自己的身体受伤以达到发泄情绪的目的。自残的极端情况就是自杀，中国香港著名影星张国荣，在极度抑郁的情况下选择了自杀，以逃避情绪的折磨。

这种发泄情绪的方法其后果是可怕的。不管我们遇到了多么绝望的事情，仍然要珍惜自己的身体和生命。再大的痛苦都有过去的时候，只要你能改变对事情不合理的认知，并找到了转化自己情绪的方式，一切坏情绪都能得到转化。

◎ 用正面的心理暗示法赶走坏情绪

彼得尔教授正在做实验，他拿着一个玻璃瓶对学生说："瓶子里的气体有异味。现在要测量这种气体在空气中的传播速度，打开瓶盖后，谁闻到了这种异味，请举手。"

说完，彼得尔教授打开瓶盖，脸上马上露出很难受的表情，表示他闻到了这种异味。同时他看表计时，15秒后，前排的同学举起了手。1分钟后，大部分的同学都举起了手。然而，玻璃瓶里并没有异味的气体，只是普通的空气而已。

这就是心理暗示在"作怪"。心理暗示能干扰人的心理，进而影响人的行为。所以，当我们情绪不好时，如果能给自己正面的心理暗示，就会赶走我们负面的情绪，给我们一种积极的正能量。比如，可以对自己说："好了，这事过去了，不要再纠结了。"或者："别看不起自己，我相信你能做到的！"

如果你试过，你就会发现，这样的心理暗示很管用，坏情绪真的在它的作用下不见了。

小张是一名打字员，她的工作非常乏味无聊。有一天老板让她打一份曾经打过的文件，她不耐烦地说："改一改就行了，不一定非要重打。"

老板沉着脸说："如果你不爱干可以立刻走人，我可以找到爱干的人！"

小张听到经理威胁她，非常生气，但是她转念一想："人家说得也对，人家给我发工资，自然是叫你干什么，你就要干什么。找份工作不容易，还是好好干吧。"

从那天开始，她对工作的讨厌情绪似乎少了很多，她开始有点喜欢这份工作了。每天上班前，她都在心里对自己说："我很喜欢这份工作的，一定要好好干！"

她不断地对自己这样说，没过多长时间，她发现真的找到这个工作的乐趣了，工作效率也提高了一半。

其实，小张对自己说的话，就是一种积极的心理暗示，这种积极的心理暗示赶走了她在工作中的负面情绪。

所谓心理暗示，就是通过语言、行动、表情或某种特殊符号，对自己或他人的心理和行为做出肯定或否定，从而对自己和他人的心理或行为产生影响。暗示只要求对方接受一些现成的信息，暗示不需要讲道理，而是给予直接的提示。

一个人的意识就像一块肥沃的土地，如果不在上面播下良好的种子，它就会野草丛生，一片荒芜。积极的自我暗示就是在自己的意识里播撒成功的种子。

有一所学校，为刚入学的学生做智力测试，根据智力测验的结果，学校将学生分为优秀班和普通班。结果有一次在例行检查时发现，分班的情况弄错了。原来，一年前，因为某种失误，他们将刚入学的这批学生的测验结果颠倒了，本该是优秀班的孩子进了普通班，而本该是普通班的孩子却在优秀班。

但是结果是什么呢？如同往年一样，优秀班的学习成绩明显高于普通班。原本普通的孩子被当作优等生关注，他们自己也就认为自己是优秀的，额外的关注加上心理暗示使得丑小鸭真的成了白天鹅。而那些智商本来很高的孩子因为被分到普通班，就有了"自己很普通"的心理暗示，因此学习成绩就受到了影响。

从这个故事可以看出心理暗示对人的情绪的巨大影响。不但现代人能利用心理暗示调控自己的情绪，古人很早就知道利用心理暗示。

有一次，曹操带兵走在路上，当时天气炎热，官兵们又累又渴，偏偏沿途找不到一口水喝。于是曹操就对大家说："前面山上有一片梅林，大家马上可以去吃梅子了。"

士兵们一听到曹操说梅子，就不由自主大量分泌唾液，干渴暂时得到缓解了。就靠着这一点口水，大家终于找到了水源！

在这里，曹操就是不自觉地利用了心理暗示效应。士兵们因为饥渴而产生的焦躁情绪，也因受到暗示而得到缓解。

我们听到的每一句话都会沉淀在心里，甚至深入潜意识，也就是说我们听到的每一句话，都具有神奇的暗示力量。所以，当我们陷于消极不良的情绪中难以自拔的时候，可以用积极的自我暗示来改变自己的情绪。

根据暗示的对象不同，我们可以通过自我暗示和暗示他人来改变自己或他人的情绪。

1. 自我暗示

自我暗示是依靠思想、语言，自己向自己发出刺激，以影响自己的情绪、情感和意志。自信心、自我激励就是一种自我暗示。

例如，当我们遇到恐惧的事情时，我们会这样自我暗示："别害怕，这点事没什么好恐惧的。"当遇到困难时，会这样自我暗示："要对自己有信心，一定能挺过去的。"

如果我们善于利用这样积极的自我暗示，那么所有的负面情绪都会在顷刻消失不见。

2. 暗示他人

除了利用自我暗示调节自己的情绪，我们还可以用心理暗示调节他人的情绪。例如，有经验的老师总是对学生说："只要努力，你就是有希望的。"医生诊断病人后总是先说："你放心，没什么大问题。"

所以，在他人情绪不好的时候，学会给对方积极的暗示，就会改善他的负面情绪，给他送去一份正能量！

3. 用"转折"句进行心理暗示

任何事物都有其两面性，在进行心理暗示时，可以用转折的方式让自己的情绪由坏转好。例如，"虽然失去了一段感情，但是，自己了解了什么是感情。""虽然失去了这次升迁的机会，但是却看到了自己的不足。""虽然摔了一跤，但是从中汲取到了教训。"

在负面情绪来临时，用"虽然……但是……"来开导自己，让情绪转个弯，坏情绪也可以由坏变好。

◎ 用心理补偿调节情绪

什么是心理补偿？很简单。小时候我们摔了一跤，疼得号啕大哭，妈妈过来了，递给我们一颗糖，对我们说："别哭了，给你吃糖。"于是我们停止了哭声；长大了，有一天我们走在街上，钱包被偷了，正自顾郁闷时，朋友打来电话："在哪儿呢？请你吃饭。"于是我们的郁闷情绪消失了一大半。

所以说，心理代偿就是失意的事情用得意的事情来弥补，让得意带来的好情绪代替自己的坏情绪，以求得一种心理平衡。

心理学家认为，人类的心理有这样的特点：当一种愿望无法得到满足的时候，人们会用其他愿望来代替它。也就是说，当需求受阻或者遭到挫折的时候，可以用满足另一种需求来进行补偿。这在心理学上叫作心理代偿。

小韩在一个工厂上班，他兢兢业业、任劳任怨地工作，成了厂里的能人标兵。可是几年过去了，他却一直也没有得到提升。他为此感到很郁闷，可是又没有别的办法，于是逐渐变得郁郁寡欢，有时还因为一点小事对同事发脾气。

但是这个时候，他交了个女朋友，女朋友甜美可人，对他是百依百顺，很快他们就谈及了婚嫁。这件事让小韩因工作不顺带来的郁闷情绪一扫而光，他想："虽然职场失意，但情场得意，也是一种安慰。"

小韩的故事就是一种心理补偿。可见，用心理补偿的方法能很快、很好地调节自己的坏情绪。因此，在我们失意的时候要多想一些让自己得意的事情，会很快转化自己的坏情绪。

具体我们可以从以下四个方面来对自己进行心理补偿：

1. 宽慰补偿法

宽慰补偿法就是用安慰的语言来补偿心中的不满，达到心态平衡。如运用一些格言、谚语对他人进行安慰。

当他人总是不满足时，我们可以对对方说："知足者常乐。"

当我们上了别人的当时，我们可以这么安慰自己："吃亏是福。"

当他人失败时，我们可以这么说："失败是成功之母！""塞翁失马，焉知非福！""胜败乃兵家常事！"

这些格言和谚语都可以让自己的心理得到一种平衡，对自己的情绪也有一种缓解作用。

2. 物质补偿法

物质补偿法就是用得到某种物质来补偿自己心中的失意。例如，一个小孩丢了一个积木，妈妈买了一把手枪给他，他在心里就觉得这是一种补偿，因而不会再对那个丢失了的积木念念不忘、伤心难过了。

我们也可以自己对自己实施物质补偿。例如，在工作中失去了升迁的机会，我们何不给自己买一件漂亮的衣服呢？让这个得到弥补另一方面的失落。

3. 引导补偿法

引导补偿法就是用自己的经历，影响对方的思维，从而将他人从失意的情绪中解脱出来。

例如，朋友辞了工作，过了好长时间没找到工作，心里不免着急焦虑，这时，你不妨这样对朋友说："别太着急了，我去年辞了工作后，整整三个月都找不到工作，你这才半个月，根本不用着急，慢慢找。"朋友听了你的话，就会觉得自己的经历不算惨，于是就不会太难受了。

也可以用自己比较庆幸的事情来引导对方走出坏情绪。例如，朋友和男朋友吵架了，很想提出分手，但又下不了决心，于是心里很纠结。你就可以这样帮朋友走出纠结的心情："我和我老公谈恋爱时也曾吵架闹分手，但是我们进行了冷处理，几个月后我们又重新走到了一起。现在回想起来，幸亏那时没提分手，不然就失去对方了。因此，你也不要急着作决定，等自己想清楚了再说。"

用自己的经历帮他人走出坏情绪非常具有说服力，能让对方尽快从坏情绪中得到解脱。

4. 精神补偿法

精神补偿法只是一种象征性的补偿，有点像阿Q精神。比如，不小心被偷被抢，损失惨重，不妨安慰自己说"破财免灾"；自己的爱人相貌平平，不妨换个角度去想，如"相貌平凡的女人才贤惠"；面对丈夫的木讷寡言，不妨想想"如此最有安全感"；刚买了一件衣服，回家后才发现价格太贵，颜色也不怎么喜欢，但不妨告诉自己和朋友："这是今年最流行的款式。"

这种精神补偿法，如果运用得当，可以帮助我们化解对于不平等引起的怨气，消除心理紧张、缓和心理气氛。但要注意的是，千万不能运用过度，否则便会产生消极懒惰的情绪，妨碍我们去追求真正需要的东西。

总之，要想让自己的坏情绪在瞬间得到转化，我们就不能"在一棵树上吊死"，抱着坏情绪不放。而是要想一想：虽然这个愿望没满足，但是其他的愿望满足了；虽然失去了这样东西，但得到了另一样东西。这样，可以使我们很快忘记原来的失落，迅速走出坏情绪！

◎ 试试慢节奏的生活

曾有调查显示,中国人是世界上最着急、最没耐心甚至是最忙碌的人。是什么原因造成了中国人的这种状况？是因为中国曾长期落后于其他国家,因此现在我们必须加快脚步,才能赶上其他国家人民的生活水平。所以大家都很急、很忙,急得上气不接下气,忙得脚都不沾地,以至于情绪都变得紧张、焦虑起来。

王先生是公司的部门总监。他每天早上6:00起床,7:00离开家去单位,8:00之前到公司,9:00和老总一块儿去谈判或是参加会议,中午12:00陪客户吃饭商谈合作之事,下午2:00回到公司工作,晚上不是加班,就是应酬客户。一直忙到晚上11点以后才能回家。

王先生几乎每天都是这样度过的。他天天早出晚归,早上上班时,孩子还没醒来,晚上回到家时,孩子已经睡着了。星期天有时还有应酬。好不容易在周末的晚上,孩子见到了他,不禁埋怨他:"爸爸,我都一个星期没看见过你了,你不能休息一天陪陪我吗？"

妻子也说:"休个年假吧,咱们一家都好几年没出去玩了。"

王先生无奈地说:"我也想好好陪陪你们,可是我不能停下来,我们有房贷、车贷,我还要给孩子创造好的生活条件。我已经四十了,但我取得的成就远远不及我的一些朋友,我怎能不着急呢？我不敢有一丝懈怠,否则公司里的年轻人就有可能取代我的位置。我也感到很累,很疲倦,但我必须不停地奋斗。"

"急、忙、累",这是现在中国人的普遍心态。因为着急和忙碌,我们的生活节奏越来越快,甚至已经超过了自己可以承受的极限。很多大城市的人,都是这样的状态。

有个成语叫"争先恐后",被现在的中国人发挥到了极致:等公交车的人多等几分钟就开始埋怨车次太少,公交车来了那更是争先恐后;职位竞争中,我必须胜出,因为我没有耐心等到下一次;总有未完成的事情在等着我们,放到明天都不行;十字路口的红灯眼看就要亮了,三步并作两步跑过去。汽车和人互不相让,因为大家都着急。

为什么我们不能慢一些呢?因为慢一点我就会落后,就会被社会抛弃。一步慢,步步慢,这次机会抓不住,下次机会也不属于我,所以我不能慢。生活越现代化,科技越发展,人们就越慢不下来。中国人似乎已经失去了"慢"的能力。

"快节奏"的生活使我们的休息时间少了又少,兴趣爱好一推再推,精神长期处于高度紧张状态,平添了许多负面情绪:抱怨、烦躁、不安、焦虑、不耐烦。其实,西方人也经历过"快节奏"的时代,经过比较选择,他们认为慢节奏的生活质量才更高,更有利于缓解我们紧张、焦虑的情绪。

那么我们究竟怎样做,才能让自己慢下来,才能让自己的情绪处于一种健康、平稳的状态呢?看看下面几种方法:

1. 让工作慢下来,留点时间梳理心情

不要成为工作的奴隶,整日为生活奔波,却不懂得享受生活。工作永远做不完,机器也要停下来歇一歇,何况肉身凡胎的我们。在工作中不要盲目追求高效率,不是所有的东西快就是好,中国有句古话:慢工出细活。因此,让工作慢下来,留点时间照顾一下自己的心情,缓解一下自己的情绪,和朋友聚聚餐、打打球,给自己的心情一个缓冲的时间。

2. 让生活慢下来，学会等待

你是否为生活中一些稍微的推迟而烦躁不安，比如电梯迟迟不开、点的菜还没来、电视节目还不开始。如果这种状态是你的常态，那么小心了，你的情绪就如气球，整天气鼓鼓的，不但损害着你的健康，还濒临爆炸的边缘。

快节奏的生活让我们忍受不了"等待"，让我们忽略了很多生活中美好的细节。因为我们只顾匆匆赶路，而不知道欣赏沿途的风景。

所以，让你的生活慢下来：排队时不妨尝试一下多等一会儿，和身边的人聊聊天，也许你会结交一个新朋友；下班回家时，不妨尝试走一段路，也许你会发现商店的橱窗是那么漂亮，路上的落叶是那么美。你会发现生活中有那么多自然、和谐与美的东西，是你以往不曾察觉的。这些美好的感觉会让你紧张、焦虑的情绪很快消失不见。

3. 别让高科技绑架自己的情绪

以前几个月收到一封信也不觉得慢，现在几十分钟不回短信就着急；以前我们用电话线拨号上网并不觉得有多慢，现在，宽带以M来衡量，但网页打开稍慢，我们就不停地刷新，恨不得摔鼠标。

高科技让大量的新资讯充斥了我们的生活，扩大了我们的视野，却也分割了我们的时间，更重要的是影响了我们的情绪：没有了手机，就像丢了魂；一会儿不看手机，就担心错过了电话短信；一天不上网，就如同和世界隔绝。

为何不能每个星期有一天关掉手机，远离网络，忘掉时间，悠闲地看一本书，安静地在公园里待一会儿，什么也不想，什么也不做，还心灵真正的自由，让情绪彻底得到转化。

◎ 学会给生活做减法

手机屏幕上方的短信小图标在闪烁，它在提醒我们手机短信的收件箱满了，必须删除一些，才能看到另外一条新来的消息。

我们的内心何尝不像这个短信收件箱，每天接收大量的信息、被各种各样的东西堆得满满的，最后发现不知哪些是应该删除的，哪些是应该留下的，因此觉得很疲惫。

其实，世间万物都是有限的，包括我们的内心。只进不出，早晚有塞不进去的时候；只加不减，也早晚会有被彻底压垮的一刻。但长久以来，我们习惯了生活的"加法"：生理的满足、物质的享乐、人情的温暖、业绩的肯定。我们做加法的速度越来越快，情形越来越急：多点薪水，多些成就，多几个朋友，多几分幸运……越多越好。

如果谁告诉我们，这个不要了，减去吧，我们就开始患得患失、寝食难安。我们惧怕减法：友情的失去、成绩的退步、生意的亏损，这些都让我们无法面对。

于是，便有了这样的心痛和叹息：

一位毕业于中国人民大学中的才女——原晓娟，曾参与创办《婚礼》杂志，先后担任《信息与家庭·美食》主编《时尚先生》编辑主任、时尚集团第15本杂志《美食与美酒》编辑主任。在新浪博客上，她的博客"花花世界"受到广泛欢迎。在新浪博客大赛中，她获得最佳私人日志一等奖。2006年11月，她的博客又获得德国之声全球博客大赛"国际最佳博客"和"中文最佳博客"奖。

这样一位优秀而完美的女性，一刻也没有停止过追赶成功的脚步，她不停地在为她的人生做着加法，但在她34岁时，被医院确诊为胃癌晚期。她如同绚烂的流星，灿烂而又短暂地划过天际。

这样的女性怎能不让我们扼腕叹息。成就并没有给她更多的快乐和幸福，反而让她带着无限的遗憾离开。

因为生活的旁枝末节太多，所以我们找不到生命的主干。只有砍掉这些旁枝末节，我们迈向幸福的可能性才会大些，拥有的快乐也会更多。因此，唯有用减法，才可以平衡生活。

不懂得做减法的人，整日被太多的名利欲望缠身，每天早晨，背着包袱出门，直到入眠方休；到了第二天早晨，又再度背起昨天的包袱……就这样，生命越往前走，我们发现身上的包袱和负担就越重。这是因为，我们只会把包袱放在背包里，却不懂得拿出来，因此越走越沉。

我们想用加法获取更多的东西，到头来却失去了心灵的轻松和快乐。所以，如果我们想感受到心灵的轻松，就要学会在人生各个阶段，卸下包袱。

一个青年终日烦恼重重、痛苦迷茫，他想求慧能大师给他指点迷津。于是背着一个大包裹，千里迢迢地跑来找慧能大师。他说："大师，长期地追求让我感到身心疲倦，伤痕累累。大师，你告诉我，怎么样才能让我感到不再痛苦，不再疲惫？"

大师没有回答他的问题，却看着他肩上背的大包裹，问："孩子，你的大包裹里装的是什么？"

青年说："这里面是我每一次跌倒时的痛苦，每一次受伤后的哭泣，每一次孤寂时的烦恼，这些东西我都扔不掉，走到哪里我都背着。"

慧能大师没有说什么，只是带着他来到河边，和他一起坐船过了河。

上岸后，大师说："现在，你把船扛起来赶路吧！"

青年吃惊地说:"为什么要扛着船走路?我们已经过了河,不需要它了。况且船那么沉,我能扛得动吗?"

大师捻了捻胡须、微微一笑说:"孩子,你说得对。过河时,船是有用的,但过了河,船就没用了。对我们没用的东西,我们却要背着它走路,只会越走越累。你的痛苦、孤独、寂寞、灾难、眼泪,这些对人生都是有用的,它能使生命得到升华;但过去就过去了,如果须臾不忘,就会成为你人生的包袱,长期背着它,会让你步履维艰。孩子,放下它吧!生命不能太沉重了。"

青年如醍醐灌顶,恍然大悟。他放下包袱继续赶路,发觉自己心情愉悦,步子也比以前轻快了许多。原来,生命是可以不必如此沉重的——只要敢于"减下"负担。

我们是不是和这位青年一样,肩上背着许多有形或无形的包袱?曾经的失败、曾经的痛苦,永远不满足的"上进心"……这些包袱不断地"加"进我们"背包"里,而我们一直在扛着越来越重的背包前进。

德川家康说过:"人生不过是一场带着行李的旅行,我们只能不断向前走,并且沿途不断抛弃沉重的包袱。"是的,如果我们想走得更快、更轻松、更快乐,我们就要尽快放下身上的包袱,减掉那些"不值得"背负的东西。

天使之所以能够飞翔,是因为她有轻盈的翅膀;如果我们学会用减法剔除掉那些多余烦冗的事物,我们也会像天使那样轻盈地飞起来。

◎ 懂得遗忘才会释然

你还在为过去某个人对你的伤害而痛苦吗？你还在为失去的职位懊恼吗？你还在为曾经的失败无法释怀吗？如果你是这样整天活在过去，对过去的痛苦念念不忘，那我告诉你，你的人生只能是灰色的。

事实上，对过去的痛苦，我们可以选择遗忘。只要你想生活得更加愉快，只要你想顺利实现目标，就必须学会遗忘过去痛苦的经历。学会遗忘，你才能对过去的痛苦释然，才会放下对自己造成心理干扰的所有事情，才能更轻松地面对现在、过好每一天，并取得理想中梦寐以求的成就。

梁晨是一家公司的中层管理人员，她与同事们的关系非常融洽，很多下属都是她私下里的朋友。在工作之余，她会与同事们一起吃饭、聊天，偶尔会聊到一些自己的私事。

然而，单纯的她却被这些好朋友"出卖"了。那些同事拿着她和一位上司的"私事"大肆宣扬，用极其污秽的语言形容她和上司的关系，当时她如五雷轰顶，半天缓不过神来。

过了没多久，上司将梁晨调进了其他部门的办公室，是个十分清闲的差事——梁晨被降职了。她知道自己再一次被朋友"算计"了。这一切让梁晨非常气愤，自己靠努力得来的工作职位就这样丢了，她真想把这些算计她的人揪出来痛打一顿。

一个月后，梁晨接到一个电话，一个同事说要告诉她出卖她的人是谁,梁晨却阻止了她,她表现得十分坦然,她说:"你不用告诉我我是谁,我不想知道是谁,因为这件事我已经忘了。"

朋友很诧异,说你太好说话了,你就甘心这样被欺侮,梁晨却说:"不甘心又怎样,知道了事情真相又怎样,什么都改变不了了。事情已经过去了,所以必须要学会遗忘,我不想过得那么痛苦。"

这件事过去半年以后,梁晨因其工作努力踏实,又得到了升迁的机会。

面对朋友的陷害,面对降职的事实,梁晨不痛苦吗?不愤怒吗?但是,她没有对过去念念不忘,而是适时地将其遗忘,将压力转化为动力,重新扬起生活的风帆,取得了新的成就。

生活中的不如意总是那么多,如果不懂得遗忘,将一个个痛苦埋在心里,那么自己的心灵就会天天饱受折磨和摧残,怎能快乐地工作和生活?学会遗忘是善待自己的表现,更是释放自己的方法。学会遗忘过去的痛苦,你才能对往事释然,才能用更加轻松的心态面对现在和未来。

那么,有哪些东西是我们必须要遗忘的呢?

1. 遗忘痛苦的往事

天灾人祸、亲人离去,失去和背叛都让我们痛苦得无法自拔,对于这些,最好的办法就是学会遗忘,因为记得不会给你带来任何好处。失去的既然不能拥有,那么忘记就是最好的选择;他人对你的伤害已经造成,记得只会让你更痛苦。人的一生是短暂的、脆弱的,生命不能承载太多的负荷。无论过去拥有的是好是坏,都只是我们生命里的过客,人生不可能完美,有遗憾的人生才是真正的人生。

2. 遗忘不好的自己

在过去的岁月里,自己也许荒唐过、沉沦过,犯过许多错,但是那一页已经翻过去了,现在你要做一个全新的你。遗忘不好的自己,也是原谅自己曾经犯下的错,不要活在自责里,因为也许对方已经遗忘了。遗忘不好的自己,未来才能拥有一个更好的自己。

3. **遗忘名利**

遗忘名利,遗忘因追求名利带来的一切纠葛,因为名利的追求永无止境,追求名利并不会给你的内心带来最终的幸福。不要为失去的职位和高薪耿耿于怀,不要再怀恨名利场上算计过你的人。如果你能遗忘名利,得意淡然,失意坦然,一切顺其自然,你会过得更加潇洒。

控制情绪
才能控制局势

下篇 —— 实践篇

　　了解了情绪的产生和疏导方式,接下来我们要做的就是控制情绪,不让它们主宰我们的生活。控制情绪,才能掌控人生。无论你是一位员工还是一位经理人,或是一位普通的消费者,唯有管理好自己的情绪,才能更快乐地面对工作和生活。而对于职场中人来说,唯有学会将坏情绪转化为正能量,才会让自己的职业生涯跨越新的高度!

第一种实践

对待下属的情绪管理技巧

经理人是一个企业的中流砥柱,中坚力量,是职场竞争中的首当其冲者,上有上司,下有下属,经理人的压力可想而知:情绪易怒,脾气暴躁,紧张惶恐,压力重重……你该如何管理自己的情绪?应对自身的压力?其实,只要你转换自己的思维,找到转化自己情绪的方式,那么,"1分钟转化自己的坏情绪"就不是什么难事。

◎ 找到合适的人才能分担你的压力

"这个员工真令人头疼。"这是每个经理人都会有的烦恼。那么,你想过怎样才能免除这个烦恼吗?

作为一个经理人,要想把自己的压力降到最小,把自己的负面情绪降到最少,除了及时处理当下所面临的情绪问题外,还必须有先见之明——把将来可能给自己带来压力的事情提前拦截、提前预防。例如,在招聘的时候,将不合适的员工拒之门外。

张霖是一家公司工程部的总监,平时工作非常忙,难得今天在家休息。不过,他休息得很不踏实。因为,他总担心今天值班的小李能不能独自应付工作,工作会不会出什么问题。

张霖正想着,小李的电话就来了,说全公司的电脑全部死机,他已经维修了半天了,但没有任何反应。张霖急了,马上把所有的维修方案全告诉小李,在电话里指导着小李如何做。但是还是无济于事,问题没有得到解决。

电话那边小李都快哭了,说全公司的人都在埋怨他、催促他,最后小李诺诺地说:"张总监,你能来一趟公司吗?我真的解决不了。"

张霖一听心里火大了,每次只要小李值班,他就不能好好休息,小李总是有问题需要他去帮忙解决。已经来公司半年了,怎么还不能胜任工作呢?唉,都怪自己,当初招聘的时候没有仔细考查小李的能力,才把这种不合适的员工招了进来,弄得自己现在这么被动、这么烦恼!

作为一个经理人,没有合适的员工或者得力的下属,那么自己的工作肯定会很累。下属动不动就来请教你,做错的事情要你去弥补,你离开一会儿他就不停地打电话找你,你休息几天也不安心,生怕他们应付不了。这样的员工,就像一个离不开妈妈的孩子,永远需要你的搀扶。不但他自己工作效率低,也会影响他人甚至整个团队的工作。

这个时候的你,怎么可能不产生坏情绪?

因此,为了避免这些情况出现,不如提前把这种可能会带给自己压力的情况规避掉:招聘最合适的员工,把最合适的人放在团队里最合适的位置,让他们各自发挥自己的最大优势,使团队的优势最大化。只有这样,才能让经理人省时、省心、省力。

那么,怎样才能招到最合适的员工,消除掉经理人的烦恼源呢?让我们来看看下面几种做法:

1. 招聘最尽职的员工

现在有一个说法叫"责任大于能力",且不说责任是不是真的大于能力,但起码说明了一个员工尽职尽责的重要性。一个经理人若能招到最尽职尽责的员工，必然可以让自己放心不少。

例如，你不在的时候不用担心他会偷懒；你在的时候不用怀疑他是在做表面功夫；你不用担心他会偷拿公司的东西、占公司的便宜；工作已经完成了，他还在检查，力求做到完美无缺；别人都下班了，他还在查看空调是不是关了，电源是不是都关了……

他不但做好自己的本职工作，还不遗余力地帮助他人。也许他并不优秀，在所有的员工里面并不显眼，常常被你忽略，但公司缺了这样的员工还真不行。有这样的员工在，你可以放一百个心。

所以，把这样的员工招到你的公司里，可以为你分担不少压力，你绝不会因为他们产生烦恼、忧愁、焦虑等负面情绪。

2. 招聘最有潜质、最努力的员工

也许有的员工刚开始并不优秀，能力还有些欠缺，但是他们有胜任这份工作的潜质，并有强烈的上进心，愿意为这份工作付出努力，稍加培养就能成为你得力的干将。这样的员工，你可不能拒之门外。

为什么？因为这样的员工愿意吃苦、愿意学习和为工作付出，积极主动工作的劲头最足。有这样的员工在公司，你永远不用担心公司的员工会青黄不接、后备力量不足。用不了多久，他们马上就会成为你的左膀右臂。

所以，经理人若大胆招聘这样的员工，将来只会让你如获至宝、惊喜万分，肯定不会给你带来麻烦和不快。

3. 招聘最能干的员工

最能干的员工，是最受经理人欢迎的。因为，他们各方面都很优秀。他们一来到公司，就可以立即进入状态、投入工作，无须经理人费心费力地去培养、指导。他们对公司的作用是显而易见的。有这样的员工在你身边，必然让你如虎添翼！

所以，经理人必须想办法把这样的人才笼络到旗下。有他们在，

会分担你一大部分的工作压力,让你省心省力,不再忧虑。

4. 招聘最适合岗位的员工

招聘最适合岗位的员工,可以从两个方面来考量:

一是性格合适。例如,有的人性格外向,就把他们安排到与人打交道比较多的岗位,性格较内向的,最好让他们做办公室、后勤之类的工作;招聘会计时,最好招聘那些思维严谨、更愿意遵守规则的人。招聘广告创意时,就要选择那些不墨守成规、思维灵活的人。这样才能让他们的性格在他们的工作领域发挥优势。

二是兴趣对口。某些人在找工作时,为了生存,会随便找个工作糊口。但结果是对工作敷衍了事,不求进取。这样的员工给公司创造不出什么价值,也必将成为经理人的烦恼。因此,要招聘那些喜欢这个工作的人,兴趣是他们努力工作的动力,因为喜欢他们也会干得很开心,并愿意在这个行业、这个公司长期待下去。这无疑给经理人解决了很多后顾之忧。

因此,招聘最合适的员工,员工会干得很开心,必然也会给经理人带来许多正面的情绪和能量!

5. 招聘最忠诚的员工

一个员工再能干,但干不了多久就跳槽了,这让许多经理人气恼,尤其是那些自己辛辛苦苦培养出来的员工。自己浪费了心血、心力,居然是为他人作"嫁衣"。

因此,在招聘员工的时候一定要考查他的忠诚性。如果是一个跳槽频繁的员工,最好慎招或者不招。而要把那些个人职业发展目标同公司发展目标一致、踏实工作,并对公司忠诚的人才招到公司,这样才能避免将来因员工频繁跳槽而给你带来困扰。

6. 及时淘汰不合适的员工

经理人在招聘合适员工的同时,还要考虑如何处理好那些不合适的员工。这些员工油盐不进,怎么说都不成器,怎么教都教不好,并消极怠工。对这些员工，经理人就不要心软了，该淘汰就淘汰。因为多留一天，就让你烦心一天。所以，要尽快把这个令你烦心的事情解决掉。

在招聘员工的时候也要小心，不要把这类人招聘到公司。只有这样，才能让你将来不面对这个烦恼，不会因此产生负面情绪。

◎ 如何面对做错事的下属

员工总是会有错误，即便是最有能力、最优秀的员工。那么员工在工作中有了错误或失误，经理人应该怎么办？是憋着，生怕自己发了脾气，影响了员工的情绪，打击了他们工作的积极性，还是应该大发雷霆，去去自己心里的火气，同时也让员工意识到他们的错误？

看看下面这个故事，你就知道怎样做更合适。

梁小姐是一个五星级酒店的财务部经理。有一次，一个收银员因为工作上的小失误，得罪了酒店的一个长期大客户，引起了这个客户的投诉，客户声称要重新考虑和酒店的合作问题。酒店领导责令梁经理去处理这件事情，并让她对这个收银员做出批评教育甚至惩罚。

梁经理对这个员工也很恼怒，但是她知道批评责骂她也于事无补，万一影响了她的工作情绪就不好了，还不如自己赶快去解决问题。因此，她顶着压力，向这个客户反复解释、道歉，并拿出实际行动来弥补错误。但这个客户仍然不依不饶，变着法刁难她。上司又责怪她办事不力，弄得她两头受气，压力非常大。

她心里也不禁指责那个收银员："因为你的工作失误造成了多大麻烦！"虽然心里火大，但她仍然忍着没冲那个收银员发脾气。那个收银员胆小、内向，如果自己责骂她肯定会给她带来心理负担。

最后，经过她的反复沟通、协调，客户终于答应继续和酒店合作，梁经理也终于松了一口气。

员工犯了错，经理来解决问题、承担压力和承受委屈，这对员工来说，确实让自己轻松了不少。然而，这份压力却转到了经理身上，经理只好把所有的负面情绪积压在心里。

经理人一旦形成了这样的工作方式，其后果不仅仅是让员工意识不到自己的错误，不利于他们的改进和提高，更重要的是自己将压力重重、烦恼多多，甚至不堪重负，长此下去，也必将影响了自己的心理和工作。

所以，面对员工的工作错误，经理人不一定要一味地包容和谅解，更不能总是压抑着自己心里的怒火，而是该发火的时候要发火。这样做不仅是让自己的情绪得到宣泄，更是让员工反省自己的错误。

但是，经理人应该怎样发火、发多大的火？继续看故事。

梁经理解决完这个客户的事情，很快到了交易会的时间，来住酒店的客人多了起来，上上下下都很繁忙，尤其是一线员工，忙得连吃饭的时间都没有。偏偏不巧，那位收银员在工作忙乱中又出了错，忘了让顾客在信用卡账单上签名。虽然这笔款已经到了公司的账上，这个错误并没有给酒店带来损失。但是财务总监却没放过这个错误和这个收银员。

严苛的财务总监把梁经理和收银员叫到了他的办公室，先是严厉指责梁经理监管不力、培训员工不力、作为一个经理不够尽职尽责；

然后又大骂这个收银员粗心大意，不按照公司的制度做，刚犯了错现在又犯错。

财务部总监连办公室的门都不关，当着几十个财务部员工的面，劈头盖脸地把两个人骂了一顿，声音之大连走廊里的人都听得到。自始至终连给收银员说话的机会都没有，最后让收银员回去好好反省反省！

第二天，梁经理接到了这位收银员的辞职信，在急需用人的时候，这位收银员辞职了。一个月后，财务部总监接到了梁经理的辞职信！

这位财务部总监知道生气就要发脾气、有情绪就要宣泄，但是他发脾气的后果是什么呢？就是损失了两名员工，尤其是梁经理。

造成这种后果的原因是什么呢？正是因为这位财务总监没有尺度地大发雷霆，不给员工留面子，不顾员工的感受。我们鼓励经理人在面对员工的错误时可以严肃批评，但当你的恶劣情绪排山倒海般涌向他人的时候，谁也承受不了。

这样的发泄方式使你宣泄完了之前的情绪，又会增添更多的坏情绪。例如，这位财务总监，面对两个员工的突然辞职，他能不感到郁闷和气恼吗？

所以，经理人面对员工的错误，可以严厉批评、释放心里的怒火，但一定要注意尺度，不能过头，不能因为你过头的发泄给他人的心灵带来灾难。正确的做法是：适当地发脾气。那么经理人究竟怎样做才能既缓解自己的压力、转化自己的情绪，同时又不伤害他人呢？我们来看看以下两种方法：

1. 压抑要不得，脾气发出来才能有助于及时转化坏情绪

经理人有了压力、情绪不能压着，不能对员工的错误大包大揽，更不能充当老好人，"好人不好受"。经理人承担的压力来自四面八方，

如果都一味地承受，压抑在心里，不表露出来，不发泄出来，早晚会崩溃。

因此，对于犯错的员工，数落他们几句很正常，发发脾气也在情理之中，说出来才能让自己的情绪在1分钟内得到转化。

2. 过火要不得，考虑到双方感受才能有助于及时转化坏情绪

经理人在发脾气的时候，不能不讲究方法、不考虑当时的环境、不注意措辞、不考虑员工的感受，而只顾自己"泄愤"。如果你这样发脾气，你的情绪不是通过正常的渠道、合理的方式宣泄出去了，而是转嫁到员工身上了。那么员工也会想办法来发泄他们的情绪，要么是对你充满敌意、消极怠工，要么是辞职走人，说不定还会向更高的上司投诉你。

所以，经理人发脾气可以，但态度不要过于粗暴，语气稍微缓和一些，给员工一些面子，员工自然也会给你面子，想办法和你一起去解决问题。那么，你的情绪就通过合理地发脾气得到了转化。

◎ 如何面对"不成器"的员工

总有那么一些员工，无论你怎么说、怎么骂，他都无动于衷，丝毫没有进步的表现。他们既不会有好的转变，也不会因为你的责骂生气、难过、离开公司。

还有一些员工，比他们好一些。面对你的批评，他们的态度是端正的，他们也很想去改正错误，力求上进，做得更好，奈何他们的能力有限、悟性有限，怎么努力都无法达到你的要求。

面对这两种"不成器"的员工，经理人可怎么办？是郁闷、叹气、无可奈何、恨铁不成钢,还是忍不住大发雷霆?

肖华是一个公司销售部的经理,他正在办公室里听一个员工汇报工作。这位员工这个月拜访了几十位客户,跑了很多地方,但是却没有签下一单生意。

肖华问他:"你告诉我,你是怎样和客户谈的?"

"嗯……我先向客户介绍我是谁,然后就把我们公司的资料给他,再把我的名片留给他。"

"不是跟你讲过很多次了,要和客户攀谈,要和他们做朋友,要自然地向客户介绍我们的产品。难道你没有这么做吗?"

"我……我不会和陌生人聊天。而且我们的资料上已经有了我们产品的所有信息了,所以我就没有再介绍。"

肖华一听就来气了:"培训的时候怎么教你的,书面产品信息客户未必看得懂,就算看得懂,也远没有你面对面地向客户介绍有效果。你不懂这个道理吗?"

"懂,但是……我介绍不好……"

"介绍不好!"肖华提高了嗓门儿,"你来公司多久了,快半年了,还介绍不好!比你来得晚的同事工作业绩早就超过你了,你呢?就谈成了两单生意,还是客户主动找上门的。你平常工作动脑子了吗?你是猪脑袋啊!"肖华一巴掌拍在桌子上,吓得这位员工一句话也不敢说。

每个公司里可能都会遇到这样的员工:付出精力去培训,给他时间去学习、锻炼,但他仍然做不好。面对一个这样的员工,哪一个经理人都会生气,都会忍不住要发脾气。但是像肖华这样大发雷霆、大动肝火有用吗?

答案自然是否定的。因为这些"不成器"的员工,他们要不抱着"无所谓"、任你"狂风暴雨"我自"岿然不动"的做法；要不就是对自己的情况也很无能为力，因为性格所致、能力所限，就算你再骂他们，他们也有心无力，没有什么长进。

所以，经理人对这种员工大发雷霆，只会给自己的身心带来伤害。其实只要转变思路、转变做法，你的坏情绪就会在这1分钟内得到转化。

对这种"不成器"的员工是否还有补救的办法？想想自己对这个员工的培训方法是否正确，给他安排的工作内容是否合适，或者他现在的职位是否适合他？

教育学生要因材施教，培训员工也应该因人而异。也许这个员工理解能力差，因此无法通过你的口头传授而掌握工作方法，那你就需要亲自带他一起工作，在实践中教会他工作方法；也许这个员工性格比较内向，胆子比较小，不如给他安排一些比较宽容和善的客户；如果这个员工根本就不适合目前这个职位，不妨给他调个岗位。

也许，你进行了这样的尝试，你就会发现这个"不成器"的员工身上，有新的价值和进步的空间，那么不但你之前的坏情绪一扫而光，还会收获意想不到的惊喜。

◎ 收敛自己的情绪，释放员工的情绪

"羽扇纶巾，谈笑间，樯橹灰飞烟灭"，这才是一个经理人面对压力和困扰时应该有的不凡气度。然而，现实中的某些经理人是怎样面对压力、处理自己的情绪呢？他们会在第一时间找个出气筒，把自己的情绪发泄出去。而他们的下属就常常首当其冲，成为他们的发泄对象，被迫接受他们丢过来的情绪包袱。

员工无缘无故被人丢过来一个包袱，会怎么办？扔掉——辞职；背着——带着压抑情绪工作；扔回去——和上司发生冲突。不管是哪一种可能，都不是我们愿意看到的。

有一个高管脾气暴躁。有一次他给一个员工传授工作经验，员工听了半天没听明白，他气得猛拍了一下桌子，喊道："你怎么这么笨呢。"这位员工是新来的，还不了解上司的脾气，当时就给吓哭了。

还有一次，一个员工工作中犯了错误，他在办公室向员工怒吼："这个不是讲过多遍了吗，你怎么还是犯这种低级的错误呢？"一直骂了员工十几分钟，员工低着头不敢吭声。过了几天这个员工又犯了一个小错误，没等他骂，就直接辞职了。

这位暴躁的高管不但在员工工作失误时脾气暴躁，就算和下属正常地沟通和交流时，也透露着不好的情绪。例如，下属向他提出什么建议或想法时，他总是不耐烦地说："这个我已经想到了，不用你跟我说。"

时间长了，员工们都不愿意与他沟通和交流，连和他说话、打招呼都尽量避免，在他手下工作的员工都干不长，流失率特别高。公司知道原因后，就把他炒掉了。

这位经理人不懂得收敛自己的情绪，只会伤害员工的自尊，让员工在压抑的情绪里工作，如此一来，员工怎么会有工作积极性呢？这样的管理者又怎会受到员工和企业的欢迎呢？

每个人的情绪都需要释放，但如果无原则、无底线地随便发泄，就会让他人的心情天天处于你的狂风暴雨之中，久而久之就无法承受。员工带着你给他制造的压力肯定无法正常工作，他的积极性和创造性就不能发挥出来,对于你整个团队的工作也是很不利的。

引而不发、收放自如是一个经理人应该有的成熟境界,而给自己的员工自信和自尊,让他们自我感觉良好,保持精神和士气,在工作中愉快地成长和发展,这是一个经理人应该有的责任。

一个经理人不应该成为坏情绪传染源,而是应该这样对待情绪:不放纵自己的情绪,不压抑员工的情绪。

1. 温和地批评,并让员工说出他的想法

经理人不要总是高高在上、自以为是地批评员工,尤其是不能不注意场合、不注意分寸地批评,要将批评的内容用温和的口气说出来。如果事情很严重,也可以用一些比较严厉的词语,但态度不能过于暴躁。经理人应该是不怒自威,而不是怒而不威。

批评完员工,记得要给员工申辩的机会,犯了错不代表他们就没有说话的权利。因此,自己批评完之后,要主动问问员工:"对这件事,你有什么可说的。"让员工说出他的想法,让他的情绪也得到释放。而不是把员工的委屈和心声堵在他的心里,让他难受地去工作。

2. 面对员工的错误,偶尔可以糊涂一点

并不是说,一个极度严苛、眼里容不下一粒沙子的经理人才是好的领导。古时候的皇帝面对大臣们的错误偶尔还会"睁只眼闭只眼",这是为了让大臣们更愿意为他效力。所以,经理人面对员工的一些并没有什么恶果的错误,也可以偶尔"糊涂"一点。

例如,员工战战兢兢来向你请罪,你就可以装装糊涂:"你有什么错?没犯什么错啊?"那么员工紧张的情绪,被你的一句话彻底释放了。他会觉得碰到了一个好上司,因而更加努力地去工作。千万不要用你的暴躁脾气浇灭他的工作热情。

◎ 别习惯在事后发脾气

在工作中，总会有某项非常艰巨的工作，让经理人感到很大的压力。但员工们对此却没有太大的压力，依旧表现出一股懒散的模样。为什么会这样？就是因为经理并没有向他们渲染这项工作的重要性和艰巨性，以至于他们对此不够重视、不够紧张，因而没有很好地完成。于是，经理人对这些员工大发雷霆，骂他们对工作不够积极、不够认真、效率不够高。

一而再、再而三的如此，经理的情绪变得越发暴躁，对待工作、下属，都呈现出了一种无可奈何的心态。可是，经理人为什么不去这样想：如果在事前让员工分担压力，那么我们现在何苦还要发脾气？

沈灵是一家企业的行政部总监，最近公司要整体搬迁，公司高层给她下达的任务是在两个星期之内搬迁完毕，所有员工在两个星期之后的周一，必须在新办公地点投入工作。

这个任务可让沈灵头皮发麻：公司有十几个部门，500多名员工，几百台电脑和数不清的办公用品。要在两个星期内收拾妥当，搬到城市另一端的一座写字楼里，可不容易做到。

沈灵顶着巨大的压力，吩咐行政部的员工立刻投入工作。可是两天过去了，她发现工作并没有大的进展，各个部门的员工并没有收拾自己的东西，还和往常一样在工作；自己部门的员工也没有尽力地去催促、去协调，每个人都懒懒散散的，不知道在干什么。

沈灵立刻把几个主管找过来询问："你们不知道在两个星期之内

公司要搬迁完毕吗？"

几个主管答道："知道啊，我们都尽力在做了。"

"知道就好，要加快速度，必须按时完成任务。"沈灵又交代了几句，几个主管去忙碌了。

转眼到了第二个星期的周末，沈灵心中的压力排山倒海般地袭来。为何？两个星期就要过去了，搬迁任务才完成了一半，至少有一半的办公用具还没搬过去，新办公地点的电路都没走好，卫生打扫得也不彻底。

沈灵正在头大，公司总经理找他了。总经理严厉地责问她："为何搬迁任务进展得这么缓慢？知不知道不能按时完成搬迁，会给公司的正常运转带来多大的影响？"总经理决定，扣罚她这个月的奖金！

挨了批评、受了处罚的沈灵，心里窝了一肚子火，她回到自己的办公室，把几个主管叫来，劈头盖脸地骂了一顿。几个主管被骂得个个低着头，一句话都不敢说。

这样的结果令人非常郁闷：不但工作没完成，沈灵和员工的情绪都受到了严重的影响。其实，这并不能完全怪下属们工作不得力，为什么沈灵不能在事前就让员工明白这个任务有多艰巨呢？总是轻描淡写地向下属传达任务，他们自然意识不到问题的紧凑性和严重性，结果将事情做得一塌糊涂。到头来，自己的一通脾气发出去，不仅不能帮助工作有效完成，还会导致所有人的士气都遭受到重创。

所以，与其事后向员工发这么大的脾气，不如在事前就让员工替你分担压力。那么，究竟怎样做，才能让员工心甘情愿替你分担压力，并让你的情绪得到缓解呢？看看以下几个方法：

1. 事前向员工"诉苦水"

倾诉是缓解情绪最好的办法，但让经理人向下属倾诉，特别是"诉苦水"，似乎不是很容易的事。因为，向自己的下属"诉苦水"

好像是一种示弱的表现。经理人总觉得自己是领导，有什么样的压力不能承受？有什么样的压力都该自己担着？就算知道工作有可能完不成也不敢让下属知道，万一他们承受不了压力怎么办？

其实，下属们没有你想象的那么脆弱，而你自己也没有自己想象得那么坚强。所以，当你觉得压力太大难以承受的时候，不妨向下属诉一诉苦水：这项工作任务很重，给我们的时间又很有限，按时完成确实有一定难度，我感到很焦虑，真担心完不成！

当下属看到你如此真诚地"诉苦水"，会理解你的难处和压力，也会因为你的倾诉，觉得你不再只是高高在上的经理，而是和他们一样也有烦恼和压力的人，因而也就愿意替你分担了。而你在这种倾诉中情绪就释放了很多。

2. 事前让员工分担工作

经理人要想摆脱工作不能按时完成的担忧和焦虑，最好是合理安排工作，让每个员工分担一部分工作，以此分担你的压力。当然，在分配工作时要按每个员工的能力和特长来分配。例如，给工作能力强的分配一些比较难的工作，给责任心比较强的分配一些比较重要的工作，给效率比较高的分配一些比较急的工作，这样每个员工都能很好地完成各自的那一份工作，那么加起来，这项艰巨的工作就比较容易完成了。

合理分配工作，也是把自己的压力分解给每一个员工，这样你的压力轻了，下属的压力也不会太重，彼此的压力都能在一个合适的、能够承受的范围之内，这样做对缓解经理人的压力和负面情绪是非常有效的。

3. 事先让员工知道事情的严重性

一些员工之所以不能积极主动地工作，在于他们不知道这项工作完不成的后果是什么？那么作为经理人就应该提前让他们知道。可以事先告诉他们：这份工作如果完不成，会给公司带来多大的损失,我会因此受到什么样的责罚,你们也会因此受到一定的处罚。

这么一说,员工就知道了这件事情的严重性,他们工作的积极性就被调动起来了,工作或许就能够按时完成了。就算最后完不成,但你知道下属们都尽力了,也就不会轻易地发脾气了。

总之,与其事后发脾气,不如事前做足工作、安排好一切,这样就可以很好地缓解你的压力,释放你的情绪。

◎ 越懂放权,越轻松

在企业里,有一个词非常关键——各司其职。团队中的每个人,必须各司其职才能让工作正常运转,每个人都做好自己分内的事才能让效率最大化。特别是一个经理人,作为领导更应该做一些运筹帷幄、把握全局、上下沟通、分工协调之类的工作,关键的细节做一些必要的提醒,其他的具体的小事、杂事尽可能让下属去做。

但某些经理人却不是这样,他们喜欢大包大揽,只要有精力、有时间,无论大事小事他们都喜欢亲力亲为,因为他们觉得自己做得更好;就算交给下属去做,他们也是不停地询问,生怕下属做不好。

有家贸易公司曾经是某市一个火爆的商城,老板当年管理这个企业可谓是兢兢业业,一丝不苟,但是这个原本红火的企业最终却经营不下去了,这是为什么呢?

原来,老板凡事喜欢亲力亲为,大事小事都要插手,他每天最多只睡5小时,但管理的事却包罗万象,大到决策,小到具体实施,他都要管。只要他在商场,事无巨细,都要插手。他不断地对各部门的工作发出各种各样的指令，他经常为"某处霓虹灯断了一根灯管而没有及时换上""某处玻璃门没有擦，上面有手印""花木上积了厚厚的尘土"等训斥部下。

这样的管理方式让他成天忙得像陀螺，没有喘息的时间。一天下来，忙得自己晕头转向，疲惫不堪。越忙越容易为一些小事发脾气，责骂员工，情绪始终处于紧张的状态。不但他自己压力过大，员工也感到非常不自在：他们觉得老板把他们当成孩子一样看着，当作犯人一样管着，于是纷纷选择了辞职。公司也最终无法继续经营。

曾经有一个这样的说法：一个好老板不是忙得像孙子，而是应该悠闲地和朋友喝茶、聊天，到处走走看看，以此拓展人际关系，了解市场动态，获取有利于企业发展的新创意。

一个好的经理人也应该是这样，应善于启发员工自己出主意、想办法，善于支持员工的创造性建议，善于启发员工的智慧，要适当放权，让下属自主进行工作，那么下属就会感到你的信任，从而体会出你对人才的信任。

经理人也应该合理地安排自己的工作，找到更高效的工作方法，不仅要轻松地完成自己手头的工作，也要留出更多的精力管理整个团队。

经理就是经理，不是打杂的，必须放弃凡事亲力亲为的错误做法，该让下属做的，就放心大胆地让他们做，唯有如此，你才能做个轻松的经理人。想要做到这一点，必须遵循下面几点：

1. 放手让员工去做

不要因为员工的业务技能还不熟练，可能会犯错，可能做得不是那么完美，于是很多事情不让他们做。只要不是什么大错，不给公司造成损失，就放手让他们去做。错一次，下次就知道怎么做了。想想看，自己也是这么过来的。

那些中层骨干，既然给了他们权力，有些事情就让他们去处理。自己在一边旁观，或协助他们就行。不要说什么"这个你不要管，我来处理""那件事你甭管了，我来解决"这样的话，你的压力依然没得到多大缓解。

放手让员工去做，也会让他们觉得受到了你的肯定和信任，因此会更卖力地去工作，这会让你的压力立刻得到缓解。

2. 把自己的压力分解给不同的员工

有时候，自己的工作很多，要同时处理很多事情，真的是分身乏术，这个时候不妨把自己的压力分解给不同的员工。

例如，一个新公司刚刚成立，什么都一筹莫展，作为一个部门经理，你就可以这样安排工作：小张和小李负责办公室的卫生；小王去领所有办公桌抽屉的钥匙，并每一把试一试。然后去领文具，发放到每个人手里；小陈检查了一下办公室所有的线路和电脑，看看能不能正常运转；江主管和林主管，明天你们俩给所有新入职的员工进行培训。

这些琐碎的事情如果你不去安排，每个人都乱糟糟的不知道自己做什么，最后都会累积到你那里，给你造成莫大的压力。因此，学会把自己的压力分解给不同的员工，你的压力会立刻"瘦身"，情绪也会马上好了很多。

3. 培养得力员工

某些经理人之所以喜欢凡事亲力亲为，在于没有能干的下属帮他们。他们也想歇一歇，但是扫视一遍自己的下属，发现这项重要的工作交给谁都不合适，最后只好自己来做。

所以，必须赶快培养一两个得力的干将，在业务上、管理上都能独当一面的干将，升他们为中层骨干，让他们帮你管理好基层员工，分担一些工作压力，有一些解决不了的事情再向自己报告。这样就可以缓解你不少压力，即便是你离开公司三五天，也不用担心工作会一团糟。

也许有些经理人会担心，这些中层骨干因此得到了成长和锻炼，会不会有一天比自己更能干，取而代之自己的位置？其实，这样的担心是完全没必要的，因为下属在成长的同时，你也在成长。只要你别因此就懒散下来，而是利用多余的时间充实提高，你也会有继续升职的可能。

◎ 化繁为简，抓大放小

在许多经理人的案头上，都摆着一份工作日程表：八点钟开会，九点钟读报，九点半开始处理琐碎的工作，十一点和新员工谈话。下午两点在办公室见客户，四点钟出去见客户。七点钟和客户吃饭，九点陪客户娱乐……还有，星期三去上海出差，星期四到无锡谈业务，星期五……你每天的生活被这些工作日程填得满满的。

许多经理人终日被工作日程表束缚，上面记满了每天必须要做的事情，它占据了我们生活的重心。每当自己想稍微放松一下时，一看到工作日程表，不得不又重新打起精神来。于是，很多经理人越来越忙碌，越来越紧张，越来越累。

其实，学会将这些"日程表"化繁就简，将那些不必要的工作从日程表中删除，你会发现，你的工作少了很多，你的心里更是轻松了很多。

爱琳·詹姆丝是美国的著名作家，她在年轻的时候不仅是个作家，还是一个地产公司的投资顾问。白天在职场忙碌，晚上回家还要写作，休息日还要应酬。每天睡觉的时间只有四五个小时。

由于过于琐碎的工作太多，她没有一刻空闲的时间，乱七八糟的事情将她的每1分钟都塞得满满的，对她的身心都是一种折磨。她很想改变这种忙碌的生活，可是又不知道该如何改变。

有一天，她坐在自己的办公桌前，呆呆地望着写满密密麻麻事宜的工作日程安排表，忽然内心被触动了一下，她拿起笔开始画起来：这个会议可以不开，画掉；这份报纸可以不读，画掉；这个客户可以不见，画掉；这个应酬可以不去，画掉。画完之后她发现，每天必须要做的事情只有几件而已，而每件事情之间都有一些空当。

看到这里她有些兴奋，于是，她又将这个月的工作日程表拿出来，将那些可做可不做的事情都从日程表中清理出去。然后，她将办公桌上堆积如山的没来得及读的报纸和杂志大部分都清除掉，只留下一份必读的。为了不让每个月收到的账单函件打扰自己，她注销了自己大部分的信用卡，做完这些，她发现，她的办公桌干净了许多，工作日程表上以前每天总共有20多项内容，经过她的清除后，变为了十多项。将自己的日程化繁就简后，爱琳·詹姆丝觉得自己的心理也轻松起来，一下子变得神清气爽，舒服了好多。

美国著名作家德莱塞说："习惯促使我们去做所有的日常琐事，我们总是担心如果不去做，就会失去什么东西。"其实，有些工作，即便不去做也不会失去什么。我们可以像爱琳·詹姆丝这样，在忙碌的时候停下来反思一下自己：每天有多少工作是不需要去做的？有多少工作是可以给其他人去做的？有些烦琐的例行公事是不是在浪费时间、浪费精力呢？问过之后，你会发现自己的很多时间都浪费在了不必要的工作上。

职场上太多的诱惑，我们误以为就是自己要的东西，也以为自己只要努力就一定会拥有一切东西。但是，这些却让我们沉溺其中并且心烦意乱，与其这样忍受折磨，不如舍弃这些东西，给自己的心灵腾出时间来休个假，这样才能使我们以更旺盛的精力投入工作。

那些程式化的工作，使我们表面看起来是有所追求，是积极向上的，但是仔细分析过之后却发现，我们陷入了为忙碌而忙碌的怪圈之中。为了不承担懒惰、消极的恶名，我们不得不将自己支使得团团转，这实在是一种极为错误的心态。

所以，我们这些天天喊忙喊累的经理人，是该清醒一下了，只要你能静下心来仔细分析一下，就会发现工作日程表上的很多工作内容都是可以画掉的。

1. 形式化的工作完全可以不做

形式化的工作，这是让经理人忙碌的最大原因。例如，每天必开的例会，是否需要每天都开呢？不能改成一星期开一次吗？每次开一个小时，有必要次次都开一个小时吗？有需要沟通的就多开一会儿，没什么事就尽快散会，这样不就节省了自己很多时间。

又如，为了给一些客户面子，自己亲自去见。其实让自己的下属去见也完全可以谈成，不必要为了所谓的面子占据自己的时间。

形式化的工作对工作本身没有丝毫用处，只会降低你的工作效率，占用你的时间和精力，因此完全可以消除。

2. 推掉不必要的应酬

和客户保持良好的工作关系是应该的，但没必要搭上我们的业余时间。下班了，我就没必要陪你，不要怕因此得罪了客户。你不陪他，他也可以早点回去休息。奉献自己的业余时间，对工作并不见得有多大的帮助。因此，偶尔和客户联络一下感情，但大部分不必要的应酬都可以推掉，这样就可以让你拥有自己的业余时间。

3. 能减的琐事就减掉

过于琐碎的工作能减就减。例如，订了多份报纸，每天看报纸就要占去自己很多时间，这么多报纸即便你都看了，吸收的也很有限，只留下一份精品就好，这样你也不会因为堆积如山的报纸而心烦。无聊的电话可以不接，无关紧要的人可以不见，影响工作的小事情尽量避免。这样一来，你的工作日程表真的是简单多了，把你的精力都用在更重要的、更值得做的事情上，工作效率会更高。

那些有卓越贡献的人，都是懂得专注、化繁为简的人。因此，不要给我们额外增加不必要的工作，要让我们的心灵的重负得到减压，解除我们自己给自己的精神枷锁，还我们轻松的心情。

将工作日程表"化繁为简"，你的压力和坏情绪会立刻得到转化。

◎ 有不怕"后浪超前浪"的胸怀

新老更替是自然规律，无论你多么优秀，总有被他人超越、取代的那一天。体育赛场上的惨烈竞争我们历历在目，职场上的竞争也是暗流涌动。对于每个经理人来说，当看到"后浪"来势汹汹地追逐，难免感到惊慌失措和压力重重。

秦旭年近四十，是一家外企市场部的副总监，最近他们部门的总监提出了辞职，秦旭觉得自己的机会到了，按能力、资历、工作经验，这个总监的位置都应该是他的。他信心满满地等待着公司高层向他宣告这一好消息。

果然，公司高层找他谈话了，但谈话的内容却不是向他宣布由他担任市场部的总监，而是告诉他，他是总监的备选人之一，因为他们部门两个年轻的同事也是这次总监人选的考虑对象。

这个消息犹如敲了情绪一闷棍，让他有些承受不了。他满以为这个总监的位置非他莫属，但没想到自己只是备选，这太令人郁闷了！不过他仔细想想，虽然自己资历老、对公司忠诚，但自己的学历不高，只有本科毕业，那两个同事都是名校的研究生；而且毕竟自己年近四十，相对来说知识比较老化，精力不如那两个三十出头的同事。

想到这儿，秦旭不禁感到心中有了莫大的压力。年轻时，自己也是信心满满、锋芒毕露，觉得没什么是自己干不了的，可现在，那些虎视眈眈的年轻人却让他后背发凉。难道自己的能力真的不如那些年轻的同事吗？难道自己真的没有提升的空间了吗？

这些念头一直在秦旭的脑海中盘旋，让他觉得很彷徨。吃饭也没什么胃口了，晚上睡觉也难以入眠。

秦旭的经历和心情是很多经理人都曾遇到过的。年轻同事的取而代之，甚至可能凌驾于自己之上，曾经的下属变成自己的上司，这不仅让我们恐慌，还让我们难堪。但你有没有想过，自己年轻时也曾经取而代之过他人，自己也曾经是"后浪"，把"前浪"拍死在了沙滩上。想到这里，你就不必纠结了，因为这是人生的正常规律。

"后浪"也许可以取代你有形的位置，但却未必能取代你在一个团队中无形的位置。就像在体育赛场上，一个老队员也许已经不在巅峰状态，但有他在，教练员和其他队员就更安心，因为他的经验是新队员所不具备的，他在场上起着稳定军心的作用。

被"后浪"追逐的经理人们何尝不是如此，你对企业的了解、对全局的把握、你丰富的人生经验、你的成熟稳重是年轻的同事无法比拟的。因此，不必为这些锋芒毕露的年轻同事惊慌失措，完全可以坦然对之。

究竟应该怎样做才能更坦然呢？我们一起来看看以下几点：

1. 自我暗示，惊慌失措立刻消失

经理人应该学会自我暗示、自我激励，用这样的方式来调节自己的情绪,保持自己原有的自信。首先要找到自己的优势:在一个企业已经多年,对公司的忠诚度足够高。而年轻人职业发展路线尚不明晰,容易跳槽;自己对公司上上下下、里里外外都非常了解,从上到下都有一帮支持者和拥护者;成熟稳重的性格使自己做事更理智,不轻易冒险和激进,不容易给公司造成损失;对社会、对职场、对自己的工作领域包括人际关系,都有了丰富的经验和积累。

当你看到自己身上这么多的优势时,你就可以自信地对自己说:"年轻同事想要达到我这样的程度还得几年呢?我有自己的优势,相信自己可以很快拥有属于自己的位置。"这样的心理暗示会马上让你对"后浪"的追逐泰然处之,气定神闲。

2. 该退则退,人生别有风景

经理人在职场奋斗多年,也会觉得疲惫了,拼杀和竞争、高职和高薪不见得还那么吸引你,因此,在"后浪"们追赶上来的时候,不妨主动退居次要位置。这不是一种失败,"急流勇退"是一种明智的选择。

退居次要位置,你在公司的地位仍然不容小觑,在关键的时候你仍然会发挥你的作用,但大多时候,你会很轻松。当你做出了这样的选择之后,你会发现,不同的位置有不同的风景,你可以更悠闲地欣赏现在所能看到的风景,对工作、对职场、对人生你都有新的解读、新的收获,这种感觉难道不令人愉快吗?不值得让你好好享受吗?

因此,该退就退,退下来的那一刻,你就放下了你的纠结和恐慌。

3. 不断学习、保持知识更新,方可消除恐慌

时代在前进、发展变化,知识当然也要随之更替。"后浪"和我们比起来,最明显的优势就在于更新的知识、观念和意识。有这么一则寓言故事:

漆黑的夜晚,一头狮子在激励自己:当明天的太阳升起,我要拼命地奔跑,追上跑得最快的那只羚羊。与此同时,这只羚羊也给自己打气:当明天的第一道曙光亮起,我就要拼命地奔跑,这样才能把追赶我的那头狮子甩在后面。

自然界的竞争都如此残酷,何况节奏超快、竞争惨烈的职场呢?我们必须像羚羊般思考——从来就没永远的能人,再优秀的人才也会"折旧"。经验老本有吃完的一天,若不及时补充知识,更新观念,被淘汰是必然的。

因此,不断学习,做一名"终身学习型"经理人,是每个管理者必须要做的事。为了让自己不贬值,时刻拥有强有力的竞争力,经理人必须随时充电,关注新领域、新资讯,保持知识更新,始终处在时代的最前沿,只有这样,你才能在面对"后浪"们的追逐时,没有恐慌、焦虑和担忧,而是轻松、自在、坦然!

◎ 如何化解瓶颈期的焦虑

很多瓶子都有一个最细的地方,就像人的颈部一样,所谓"瓶颈"。如果让一个人待在这个"瓶颈",上不去,下不来,他岂不是很难受。而一个经理人也会遇到职业的"瓶颈":多年停留在一个职位,不升也不降,没有办法再突破自己。

作为经理人,一般在某个行业或某个岗位已工作多年,工作已经可以轻松应付,职位也上升到了一定高度,在他人看来,自己应该满足了。但实际却并非如此,经理人面对自己职位瓶颈却异常苦恼。

杨帆是一个建筑公司的项目经理，这家公司不是很大，他已经在这里工作了10年，对这份工作已经游刃有余。但是最近，杨帆对自己的工作越来越不满意了。

不满意什么呢？他在这个行业、这个岗位时间太久，产生了厌倦感；工作他非常轻松地就掌握了，不需要再继续学习、充实和提高，因此有种空虚感；职位虽然上升到了一定的高度，但也没有了继续上升的空间，因此有种失落感。

这所有的感觉加起来，使他心中有一种迷失感，觉得没有了目标、没有了梦想，因此没有了斗志。杨帆现在就可以看到自己以后几十年的生活，自己不可能再有什么改变和提高，难道就这样等到退休吗？

有"职业瓶颈期"困惑的人都是一群对自我要求很高的人，不甘心自己就这样止步不前，希望自己还能突破自己，使自己的价值最大化。因此，他们想改变，想打破这停滞已久的状态，但又有些犹豫。因为打破习惯已久的工作和生活状态，对大多即将人到中年的他们来说，似乎又有些冒险。所以，他们心理纠结、烦恼得不行。

也许有的朋友会觉得，这种人是不是太矫情了。有工作干，还是经理人，不错的职位和薪水，就别胡思乱想了。这种说法当然也对。但人之所以是人，在于他们有着复杂的情感和心理。而且他们之所以烦恼，是因为他们对自己有着更高的要求，他们烦恼的源头是正面的。

那么，他们该如何解决这其中的矛盾呢？是就此麻木地沉浸在这"安逸"的环境中，等待退休，还是大胆冲破心中的藩篱，勇敢地重新选择工作和生活？或许，这两种做法都是对的。那么，究竟应该怎么做呢？我们可以一起来理一理思绪。

1. 弹琴、读书、练书法，调节自己的情绪

度过职业瓶颈期，除了在工作上大做文章外，也可以是暂时不过多地考虑工作，多想想生活。在职场上奋斗了那么多年，也许你多年的爱好已经丢弃了，不妨重新拾起来，好好弹弹琴、练练书法、读读书；也许你的身体状况已经每况愈下，不如去健身、去运动，找回一些青春的活力；也可以多陪陪父母亲、爱人和孩子，享受享受天伦之乐。

人生要追求的不只是工作上的成就，让自己成为一个身心健康、精神丰富的人，一个好儿子、好爸爸或者好妈妈，都是一种成功，都可以让你感受到愉悦和幸福。因此，重新思索人生的意义，不把工作当作你追求的唯一目标，也可以助你轻松度过"瓶颈期"，重新变得开朗、快乐起来。

2. 大胆地跳槽，彻底摆脱职业瓶颈期的困扰

要想立刻摆脱"职业瓶颈期"带给你的负面情绪，那么不妨做出彻底的改变：跳槽！不要再过多地犹豫，既然待在这个瓶子里使你犹如困兽一般，不如跳出瓶子，寻找能让自己一展拳脚的新地盘，作为一个经理人，你应该有这样的气魄！

但是，跳槽也不能随便跳，要想好自己是换公司、换岗位，还是要转行。如果只是换公司，那么公司能不能让自己大展拳脚，能不能让自己有更大的发展？不要从一个瓶子里又跳到另一个瓶子里。如果想转行就要慎重了，毕竟"转行不聚财"，从头再来能不能取得成功？如果失败了，还有没有机会"翻盘"，能不能承受结果？

如果你把这些都理智地分析了，我想你就可以大胆地跳了，跳到另一个"槽"，也是跳出你的"职业瓶颈期"。只要跳对了，你有关"职业瓶颈期"的一切困扰就全都消失了，你的坏情绪也彻底得到了转化！

3. 改变思维，立刻远离焦虑

"职业瓶颈期"其实很正常，就像婚姻有"七年之痒"一样，一

份工作时间久了，也有"痒"的时候，也有厌倦的一天。所以经理人首先要明白，出现这样的心理很正常，不必过分担忧。

其次，我们要静下心来，重新审视一下自己、自己的工作和生活，想想自己的潜力还有多少可挖？自己最想要的生活是什么？这种生活通过自己的努力能不能达到？在这样的思考中，重新给自己定位，规划自己，给自己重新树立一个目标。

有了目标就有了行动的大致方向，我们就知道自己接下来该怎么做了。也许这样的思考不是瞬间能完成的，目标也不是一时半会儿能找到的，这没有关系，我们可以一边工作一边慢慢思考；也可以暂时休假一段时间，换一个环境思考；还可以和亲朋挚友聊一聊，让他们帮你理清思路。

这些方法也许不能帮你马上突破瓶颈期，但是却可以很快让你纠结、焦虑的心情很快得到转化！

4. 改变心态，不再纠结

在重新审视自己之后，有一部分经理人就会发现，自己的能力已经基本上得到体现，也"不过如此"了，自己不满足、蠢蠢欲动纯粹是"这山望着那山高"，自己若辞职或做出其他的改变，付出的代价过大，结果也未必就比现在好。

权衡了利弊得失之后，就觉得不如原地不动，好好干好目前的工作。当你改变了心态以后，你就会发现原来的工作没有那么烦了，虽然工作可能不再有挑战，不会带给你刺激，但同时也没有什么压力。奋斗了那么多年，好好享受一下目前轻松的工作和生活有什么不好呢？

度过瓶颈期，不仅是自己突破瓶颈期，也可以是改变自己的心态，让瓶颈消失，那么你纠结的情绪自然也就得到转化了。

◎ 别纠结自己该打工还是创业

在职场上打拼多年，也许你已经成了一个公司的高层管理者，可谓一人之下，万人之上。同时，你也积累了很多的行业经验、管理经验、有了众多的人际关系和一定的财富，这时候，你有点蠢蠢欲动，你不甘心只为她人做嫁衣，你想拥有自己的公司，自己做老板。但你也知道，做老板要承受的压力比做一个"高级打工仔"要多得多，所以你在犹豫，不敢轻易迈出这一步。

黎昂在一家大型广告公司工作已经10年，做设计部总监也已5年，这份工作他做得顺风顺水，可是最近他却有了新的想法，他想辞职单干，成立自己的公司。

刚有这个想法的时候，他也吓了一跳，因为他从来就没有过自己当老板的想法，他一直觉得一个整天闷头搞设计的不适合做老板。可是现在他却有了这样的冲动，因为他自己出色的设计给老板创造了很多的经济利益，如果自己当老板，也许也能有很好的收益。

但是他知道自己的管理能力和社交能力都还比较弱，而成立一个公司方方面面需要承受的压力很多，自己能够承受这其中的压力吗？

黎昂的顾虑是很多想创业的人都有的。是继续做"高级打工仔"还是自己创业，这个问题要从多方面考虑：要看自己更适合做什么，是否具备了创业的客观条件？做"高级打工仔"已经是职场上的最大成功，创业则是要从头再来，你能不能承受创业过程中的艰辛和最坏的结果？在作出决定之前，你必须想好这几个问题：

1. 更喜欢稳定还是更喜欢冒险

经理人是否选择创业，首先要看一看自己的性格，是更喜欢稳定还是更喜欢冒险。有的人天生就不喜欢冒险，他们比较保守，更喜欢按部就班、没有太大压力的生活。虽然打工也有压力，但总体来说只要完成自己的本职工作，没有大的差错就没什么问题，更大的压力有老板担着呢。

所以，如果这种性格的人选择了创业，必然会觉得非常辛苦，即便成功也体会不到太大的快乐。况且职业经理人大多人到中年，上有老下有小，这个客观条件也决定了你更需要稳定。

因此，如果你的性格天生就不喜欢冒险，且家庭状况也不允许你去冒险，那么就不要选择创业了，这样你才能更轻松地生活。

2. 创业的艰辛你是否已做好准备

创业无疑是艰辛的，至于有多艰辛我们一起来看一看：做经理人的时候，你有独自的办公室，优越的办公环境，良好的福利待遇，而自己创业呢？你可能只有简陋的办公室，不但没有人给你发工资，你还要给别人发工资；从公司注册、成立到正常运转和赢利，这其中的过程是很漫长的，艰辛也是显而易见的。

你能不能承受这个过程的艰辛，在选择创业之前，你都要想好，有个心理准备。有了心理准备，才能在将来创业的过程中遇到困难时，不觉得太辛苦、压力太大，才能用比较平和、平稳的心态度过这个艰辛的过程。

3. 是否能承受最坏的结果

相对于打工来说，创业无疑是有风险的和更有压力的。为他人打工，你只需要把本职工作做好就可以，干得不好，顶多是卷铺盖走人，重新找工作。

创业则要负责一个企业的盈亏和所有员工的饭碗，你要投入大量的资金，可能还要贷款，一旦创业失败，你需要承受的不仅是心理的打击，还有你打工多年辛苦积攒下来的资金将付诸东流，说不定还要背上巨额债务。到时候，债主逼上门，老婆孩子埋怨，都是有可能会遇到的。

你能够承受这些吗？首先心理上是否能承受失败的打击，其次有没有足够的资金储备应付最坏的结果，不然到时连正常的日子都过不了。如果你能够承受这些压力，那么恭喜你，你可以大胆地创业了。

总之，选择做"高级打工仔"还是选择创业，要看你能够承受的最大压力有多大，不要做自己"力所不能及"的事情，否则一旦无法承受，情绪崩溃，便会给你的身心造成巨大的伤害。

◎ 如何应对年龄恐慌

在每年的庆生会上，你是否一边吹着蜡烛，一边心里在恐慌："又老了一岁了。"

的确，怕老是人的普遍心态。对很多经理人来说，青春已经逝去，额头的皱纹已经清晰可见，身体状况、精神状态每况愈下，而自己在职场上还能有多少年奋斗的时间，四面楚歌，压力重重，真的有点"时不我待"的恐慌感。

林海媚今年40岁，在某公司做部门经理。她已经在这个行业工作近16年了，在这个经理职位也已经5年了。当初，林海媚是年轻人中的佼佼者，所以工作上很顺利，一路升迁，深受领导器重。

但随着年龄的增大,现在的林海媚总是感觉精神不济,因为家庭琐事多了,放在工作上的精力自然就少了。所以,她在工作上没有做出更大的成绩。5年了,她的职位一直没有变动过。

看看周围朝气蓬勃的年轻人,她总是有一种失落感,新人不断进来,自己的地位发生了微妙的变化,领导重要的工作不再交给她了,她感到自己的价值在慢慢丧失。

现在的她特别敏感,不敢听到别人谈有关年龄的话题,已经好几年不愿意再过生日了,每天早上起床都不敢仔细照镜子,因为怕看到眼角的皱纹和头上的白头发。

林海媚的心态不是个别,一旦进入职场,"年龄恐慌"的心病就会时刻伴随着你。如今的职场就是一个竞技场,优胜劣汰是不变的法则,林海媚就是一个在这样的法则下挣扎着的经理人。老是自然规律,没有谁能幸免,而不服老又是人的正常心理,这就是林海媚恐慌的原因。

对于经理人来说,因年龄而产生的恐慌一般表现在三个方面:

定位恐慌:我们初入职场时,有一次职业定位,工作5~7年后可能会调整职业定位,此后一般会固定下来,到了40岁左右会再次出现定位恐慌。因为这时我们在一个行业中或一个职位上已经固定多年没有变化,潜力一般已经挖掘得差不多了,所以会有一种自我怀疑和自我否定的恐慌感。甚至有人会在这个时候发现现在的结果并不是最初的梦想,所以面临着重新定位。

竞争恐慌:自己拥有的诸多优势已经失去,例如,年龄优势、学历优势、知识层面的优势。这种失去让自己有一种即将被替代的恐慌感。对于个人来说,职业发展怕就怕"长江后浪推前浪"的局势。看到新人的生龙活虎,禁不住就会恐慌。

婚育恐慌:婚育恐慌一般多发生于女性身上,她们挣扎在要不要生孩子的艰难选择中。要孩子，怕回来后失去现有的职位；不要孩子怕错过了生育最佳期，甚至有些人已经失去了最佳生育期。

职场竞争之残酷，从来不会因为性别而有所区别。为了生存和发展，职场女性与男性一样，只能强势地前行着。只是，再强悍的女性也无法忽视自然规律。因此，职场女性容易患上婚育恐慌。

这三种恐慌造成了经理人的强大心理压力，使他们无法积极地投入工作，不能更好地享受生活。那么我们该如何正确应对年龄恐慌，让自己的坏情绪从中解脱呢？看看下面几个方法：

1. 直面自己的年龄以及遇到的危机

我们要直面自己的年龄问题，因为这是个客观事实，是每一个人都要经历的过程，只有承认和接纳。对任何问题越躲闪、越否认，压力就越大，直面和承认这些问题才是让自己不再恐慌的第一步。

2. 发掘自己的优势，保持自信

虽然自己的优势不再那么明显，但和年轻人比起来，肯定还有优势。就像在一个排球队里，你虽然不是常常得分的那个选手，但是离了你，他人就无法常常得分。因此，避免拿自己的弱势与年轻人的优势比较，这会让你的心踏实起来。

3. 为自己的职场生涯做总结和规划

平心静气地想想自己前面这些年有没有虚度，如果答案是肯定的，自己就应该坦然接受目前的状态。然后再想想未来真正想要的是什么？自己有没有可能达到？需要花几年能够达到？明确目标后，再列出具体的可行性计划。心中有目标需要自己去努力，让自己没有时间再为年龄恐慌。

◎ 学会在进退之间游刃有余

综观人类的发展轨迹，是如何向前递进的？是曲折的、迂回的，是呈现出"波浪式的前进"和"螺旋式的上升"的。所以，人的一生也不可能永远呈直线上升，总有暂时停止前进的时候，也偶有跌落谷底的时候。对于许多经理人来说，职业生涯何尝不是如此，在某一阶段，你停止了升迁，甚至被降职、被辞退，总之，你的职业生涯在这一刻停止了前进。

那么，面对这种情况，经理人也应该以一种从容不迫的心态来面对，而不是过于失落、愤懑、埋怨、消沉。

这一天，老郭和好友一起喝酒。老郭只顾喝酒不吭声，眉宇之间充满了愁绪，朋友连忙询问其中原因。老郭说由于种种原因，他最近要从总监的位置上退下来，退到部门经理的位置。而他现在的位置将由一位年轻的同事担任。

见老郭满腔哀怨，朋友劝他："从重要的领导岗位上退下来，也不是坏事。"

老郭一听很是吃惊："怎么不是大事？我做了8年的总监了，现在让我退下来，而且顶替我的还是我的下属，你让我的面子往哪儿搁？我心里怎么也接受不了这样的安排，真想一走了之。"

朋友微微一笑说："人一生的职业周期，就像正弦曲线一样，是一个从波峰到波谷，又从波谷到波峰的波浪式轨迹。事业的发展很少是一帆风顺呈直线上升的，而是像螺旋梯一样，在盘旋中走到最高点。"

"哦?"老郭很认真地听着,对朋友的这番理论显然很感兴趣。

朋友接着说:"现在你不用再应付酒桌,少了伤肝损胃,不再怕晚节不保,有了自己的闲暇时间,何不借着急流勇退、让贤之美名,好好沉淀一下,思索思索自己以后的路。很可能你以后还会有质的飞跃,达到你现在意想不到的高度。"

朋友的话,让老郭茅塞顿开。他握着朋友的手说:"谢谢你!谢谢你!要不是你的这一番话,我现在还在无比纠结痛苦中。看来,我要从容地面对一时的退,用更加豁达、乐观的心态迎接明天更大的进步!"

螺旋式上升并不单单是职业发展的特点,社会发展、历史更替都有同样的规律。人的发展如果一直呈直线上升,人很可能会很快从高处摔下来。因此,经理人在面对自己一时的进退时,没有必要纠结痛苦,要学会自我消化和梳理:如同拉车上坡一样,走直线拉车,就会很累,而迂回前进就会轻松很多。

经理人在职场上一时的"退"就如拉车上坡时转的那个弯,表面上你是退步了,其实你只是调整了一下路线,在更适合的位置休息一会儿,积存能量而已。如同小孩每一步的前进都得益于无数次摔跤经验的积累,经理人的职业生涯也是如此,走一走就会出现一个停滞时期,想要马上提高会很困难,必须再经过很长时间的积累才能再次进步。

了解了职业人生螺旋式上升的轨迹,就不会在得失、进退之间迷茫痛苦,而是"进"也轻松,"退"也潇洒,在进退之间游刃有余。

经理人若能把握好以下两点,更能在进退之间自由游走。

1. 看清自己的位置

看清自己所处的位置,给自己积极的心理暗示:一时的"退"

是为了将来更好地"进"。在现在这个位置能看到以前所看不到的东西,例如,和基层员工更接近,更知道他们需要什么,更了解他们的工作状态,以前发现不了的工作问题现在也都有机会看到。这对你将来的管理是很有帮助的。

2. 放下纠结的心情,积聚自己的能量

坦然面对现在的位置,放下纠结的心情,开始积聚能量。让自己广泛涉猎,继续接受教育,巩固自己的基础,增强适应性,以求左右逢源之效。跨学科、跨专业学习,让自己成为一个复合型人才。

塞翁失马,焉知非福!命运让你失去的同时会让你得到更多。这个时候,你要做的就是积聚能量,等待龙门来时的凛然一跳!

第二种实践

对待工作与同事的情绪管理技巧

员工是一座企业大厦的基石,然而他们却面临着众多难题,产生了种种坏情绪,承受着太多压力:初入职场,手足无措;工作"低人一等",抬不起头来;前途堪忧,心中迷茫;同事难相处,烦恼不堪;上司不满意自己,心中压抑;客户难伺候,压力太大……如何转化这些情绪,化解这些压力?这是员工们面临的重要课题。

◎ 初入职场,如何缓解紧张情绪

当我们从校门走向某个工作岗位的时候,心里都会感到惴惴不安:工作能不能胜任?上司会不会太严厉?与同事能不能相处好?公司的环境能不能适应?

这些担心,不但让我们在工作的过程中感到紧张,甚至晚上回到家也难以安然入睡。总是带着这样的情绪,我们怎么可能做好工作?

晓晴大学毕业后,到一家广告公司从事平面设计工作。第一天上班,她就感到很紧张,不知道能否适应这里的一切。老板让一个同事先带她,向她介绍一下工作内容,教她一些工作方法。这位同事向她简单介绍了几句,就说自己的工作很忙,让她自己琢磨琢磨。

晓晴傻傻地坐在那里，不知道怎么办才好，刚才同事讲的自己根本就没怎么听懂，可看到同事那么忙，她也不好再去打扰，就一个人对着电脑瞎琢磨了一天。

第二天，老板给了她一个简单的设计任务让她去做。这下晓晴紧张了，昨天一天根本就没学到什么，不知道该怎么做，可她又不敢向老板说，只好按照自己的理解去做。下班时，她惴惴不安地把设计稿拿给老板看。

老板一边看着设计稿一边摇头，晓晴看着老板严肃的表情，心里不禁打起鼓来："完了，肯定要挨骂了。"

果然，老板说："这做的是什么？完全没有可取之处，昨天小张没有教你吗？"

"教了，但是……"她又不敢说同事没好好教。

"回去重做！刚来公司，要努力学习，明天让小张再教你，你自己也要敢于提问。知道吗？"

"知道了。"晓晴小心翼翼地说。可是，她还是老样子，依旧每天就是"发呆"。就这样过了一个星期，晓晴还是做不好任何工作，每天都非常紧张。她甚至觉得自己很笨，还有点怀疑自己适不适合这份工作。

职场中人，大多都经历过晓晴这种情绪。不过回想一下，我们之前的人生中也有过这样的紧张情绪：第一次去幼儿园的时候，开始进入小学校门的时候，都会有这种紧张不安的情绪。只不过从单纯的校园踏入复杂的社会和工作岗位，这个转变太大了。我们不仅要应付工作本身，还需要应付复杂的人际关系，所以才会感到尤为紧张不安。

这种紧张情绪，让我们在工作过程中感到非常拘谨、束手束脚，生怕哪里做错了、说错了，得罪了什么人，因此觉得压力非常大，很难有快乐的情绪。但我们不能让这种情绪过于严重、这种状态持续太久，否则会成为我们工作的障碍，让我们的坏情绪形成恶性循环。

所以，我们要想办法尽快调整我们的状态，迅速适应工作。该怎么调整呢？首先应该明白这种情绪是正常的，并不是自己独有的，不要过于担心和焦虑；其次应该明白适度的紧张并不是一件坏事，只要处理得当，适度的压力反而可以成为我们前进的动力；最后要找到一些切实可行的方法来缓解这种紧张的情绪，轻松地面对工作。

1. 尽快掌握工作方法，解决引起紧张的首要因素

让我们感到紧张的主要原因，就是工作技能尚不能完全掌握，不能很好地完成工作，因此受到上司的责骂。就算上司不责骂我们，自己也会觉得愧疚或不好意思。因此，我们必须想办法尽快找到工作方法，掌握工作技能。

首先，我们自己要投入地工作，不能整天不在状态。要善于思考总结，有什么错误尽快改正；其次要善于向同事、向上司请教，不要脸皮太薄，怕别人笑自己笨。自己作为一个新人，当然是会"笨"一点的。

当你能基本上胜任工作，你在上司面前就不会胆怯，在同事面前也会比较坦然，紧张的情绪就会消失一大半。

2. 尽快与同事熟悉起来，良好的同事关系能让心情变得轻松

陌生的人、陌生的环境都会让我们感到紧张。周围的同事我们都不认识，想问个问题不知该问谁，因为不熟悉，同事们聊天自己也不好插嘴，这种陌生都会让自己的心情不够轻松。

所以，要尽快想办法和同事们熟悉起来。同事们聊天时自己不妨也参与进去，有不懂的问题就向同事们请教，尽量找那些看上去更和蔼的同事请教，他们更容易接近一些。下班时，可以找同事一起逛逛街、吃个饭。

当你和同事们熟悉起来，并能和谐相处时，你就会更融入这个集体，对公司有更多的认同感，甚至有家的感觉，心情自然就会轻松起来。

3. 立刻停止对上司的恐惧，多接触上司拉近距离

对上司的恐惧也是让自己紧张的因素之一，但上司严厉的目的并不是为了让你感到害怕，而是为了在下属的心目中树立威信，更是为了让你尽快熟悉工作，在工作中得到成长，他的严格针对的是你的工作而非你个人。一个对你不管不问、任你混日子的上司只会耽误你的前程，而一个严格的上司才是一个尽职负责的上司。

所以，立刻停止对上司的恐惧，工作不忙的时候，也可以和上司聊聊天、谈谈心，拉近彼此的距离，上司的严格带给你的紧张和压力就会立刻消失了。

当然，那些胡乱发脾气、动不动就骂人的上司不在此列。过于暴戾的上司让我们实在无法忍受的时候，也可以通过毫不犹豫地"炒掉"他，来释放自己的压抑情绪。

4. 调整着急的心态，让紧张情绪马上得到缓解

刚走上工作岗位，我们总是觉得自己很"笨"：为什么别人教的我总是不能很快掌握？为什么我在工作中总是感到这么吃力和费劲？为什么我总是出现这么多错误？这些问题都会给我们带来很多压力，以至于怀疑自己的能力。

然而，着急是解决不了问题的，因为掌握一个新事物是需要时间的。因此，我们不如尽快调整着急的心态，努力地投入工作，以此证明自我怀疑是错的。只要你的心态一调整，紧张情绪马上就得到缓解。

◎ "低就"未必低人一等

尼采曾说过:"一棵树要长得更高,接受更多的光明,那么它的根就必须更深入黑暗。"人也像树一样,若想获得成功,就要把心放在高处,把手放在低处——即通过最普通、最基层的工作去实现自己的远大之志。

但是看看职场上的某些人,却做不到这样。在他人问及自己的工作时,支支吾吾不敢说,或者含糊其辞地说:"打工的。"这是一种什么心理?是自卑。因为自己是个底层的员工,因为自己不是白领、金领,因而觉得低人一等,看不起自己。

其实,"低就"未必低人一等。那些白领、金领甚至享誉职场的成功人士,都是从"低就"开始的。许多歌手在成为明星之前,都曾经从事着一份极为普通的工作,就连比尔·盖茨、李嘉诚,也是从底层开始做起的。

20世纪60年代初,美国肯德基公司打算正式进军中国台湾市场。他们准备招聘一批储备干部,但由于招聘条件特别苛刻,许多很优秀的人都未能通过。

经过一再筛选,一位名叫高天的年轻人脱颖而出,但仍需通过最后一轮面试才能正式录用。肯德基的总裁和高天夫妇谈了几次,并且问了他一个出人意料的问题:"如果我们要你先去洗厕所,你会愿意吗?"

高天还没说话,一旁的高太太便随意答道:"我们家的厕所一向都是由他洗的。"总裁大喜,免去了最后的面试,当场拍板录用了高天。

后来高天才知道,肯德基训练员工的第一堂课就是从洗厕所开始的。因为只有先从卑微的工作开始做起,才有可能了解"以家为尊"的道理。后来高天成了知名的企业家,跟他一开始就做底层的工作、干别人不愿干的事情有很大关系。

古罗马大哲学家曾说过:"想要达到最高处,必须从最低处开始。"而一棵树想要吸收更多的养分,就要把根扎得更深。所以,职场中的你如果想在未来取得更大的成就,也必须从低做起。因为,从低做起,才能走得更踏实,脚跟才能站得更稳,然后一步步登攀,到达顶峰才更有把握。

有一位年轻人一直为自己"低人一等"的工作自卑,觉得从事这样的工作让他抬不起头来,直到一个夏天他与同学乘他们家的渔船出海,才让他一下子懂得了许多。

同学的父亲几十年以打鱼为生,他的样子从容、淡定,年轻人心想:"他难道就不厌烦、不嫌弃这种毫无意义的工作吗?"

年轻人望着宽广的大海,说:"海真的是很伟大,滋养了那么多的生灵……"

老人说:"那么你知道为什么海那么伟大吗?"

年轻人不知该如何回答。

老人接着说:"大海之所以能装那么多水,能滋养那么多生物,是因为它的位置最低。"

位置最低!噢,原来大海是以其最低成就其伟大的!

低就才能成就其伟大,这是大海给我们的启示。因为位置低,我们才能看得高;因为位置低,我们才能吸收得更多;因为位置低,我们才不会变得夜郎自大。

因此，刚入职场的年轻人，不要总是瞄着那些风光的岗位，而是应该立足于现实，立足于现在。莫因自己的工作特别一般就觉得自己没有本事、无能，也不要因他人对你工作的评价而影响你的情绪。

具体来说，我们可以通过以下几点来扭转自己因"低就"而自卑的心态：

1. 多了解成功人士的经历

除了我们上面举的几个例子，还有许许多多的成功人士都曾从事过最"低级"的工作，他们也曾自卑过，也曾被他人看不起过，但他们最终能克服自卑的情绪，化自卑为拼搏的正能量，使自己取得了巨大的成就。因此，不妨买几本成功人士的传记，了解了成功人士的经历，那么，你因低就而自卑的心态就会立刻消失了。

2. 不要看不起自己的工作，善于从工作中学习

不要认为自己的职位太低、太平凡，就认为学不到东西、自己的能力得不到提高。只要你做个有心人，任何一个工作岗位上都有可以挖掘的东西，也许是工作本身，也许是同事身上的优点，也许是工作中的点滴给自己的启示。把这些东西都吸收你身上，变成你的工作能力，有了过硬的工作能力，你就没有浪费这份工作。

不要看不起这份工作，每一份工作都有它的价值，就看你能不能发现。

3. 做出工作成绩，让自己刮目相看

尽职尽责把工作做好，每一天都要有所进步，用不了多久，你会在平凡的工作岗位上取得令自己惊喜的成就。当你的工作能力达到一般人难以企及的程度，又取得了一定的成就时，你看不起自己的心态就一扫而光了。

◎ 找到属于你的"位置"

"垃圾，是放错了位置的宝贝。"这句话，说明了一个人位置的重要性。放在合适的位置，你就是宝贝；放在错误的位置，你就是垃圾。而找到一个适合自己的位置，比去苦苦寻觅如何才能成功更具有实际意义。

但是看看职场中的一些人，他们在迷茫：我不知道什么岗位最适合我；有一些人则非常痛苦：这份工作我一点都不喜欢；还有一些人在困惑、在自卑：为什么我这么努力工作，却没有做出成绩？是不是因为我能力不行呢？他们如此纠结痛苦都只有一个原因：找不到自己的位置。

有一句格言说得好："许多时候认识别人容易，认识自己难。"这句话说明找到自己位置并不容易。有的人明明水上功夫好，但目标却是陆上草莽逞英豪；有的人明明是做大刀的料，却朝思暮想成为子弹。很多人都将自己错误定位了。

而一个将自己正确定位的人，才能让自己身上闪现出耀眼的光芒。

一个人在他不适合的位置很难展现才华，而一旦把他放到适合的位置，他就大放异彩。

因位置不同，结果就有这么大的差别。这是为什么？因为一个人若待在不合适自己的位置，就无法为工作投入热情，也不能最大限度地发挥自己的特长和潜能，因此也做不出成绩，所以他就会痛苦。而找到了自己的定位，他就会变得踏实，不会再左顾右盼、怀疑自己，而是盯着自己的目标，脚踏实地朝前迈进，才会在工作中不断体会到成功和自信。

所以，职场中人要找到自己的位置，给自己最准确的定位。那么什么是定位呢？定位其实就是找到自己最适合的行业，最适合的职位、岗位。

一位心理学博士曾经感慨："我从事心理学研究十几年，一个最真切的感受就是做人要有清晰的定位感。"找到适合自己的位置，自己的心情是舒畅的，而改变自己去适应不适合自己的位置不是不可以，但心态是扭曲的、不快乐的。

每一样东西，每一个人都有自己的特点和使命，这个特点和使命决定了自己应该在什么样的位置。是轮胎，你的位置就在跑道上；是飞机，你的位置就在天空；是轮船，你的位置就在大海。放错了位置，你很可能就是一废物。只有找准了自己的位置，人生才有成功的可能，或者说成功的可能性更大一些。许多伟大的人物之所以成功，就是因为他们给自己的定位准确。越早找到自己的位置，越早成功。

只有合适的定位，才有助于理想的实现，否则埋没的将是一个天才，这并不是骇人听闻。许多时候自卑、痛苦和压力的产生并不是因为我们真的很失败，只是因为定位不准确。找到了自己的位置，所有的自卑、痛苦就会顷刻间烟消云散！

那么，怎么样才能找到适合自己的位置？这其实不难。

1. 根据自己的性格来找

什么样的性格做什么样的事。如果你的性格很开朗、喜欢与人打交道，那么让你正儿八经地坐在办公桌前，你肯定会难受，无法好好工作，不可能做出什么工作成绩；反之，如果你的性格较为内向，喜欢安安静静地工作，那么像编辑、设计之类的工作会比较适合你。

性格色彩创始人乐嘉性格外向，喜欢与人打交道，富有创意，不喜欢循规蹈矩，可是他初入职场的第一份工作是在银行做会计，虽然工作很稳定，但他做得很痛苦，因为他的性格不适合做这份工作。

后来他辞职去做销售，才初步找到了自己的位置。再后来，乐嘉开始研究、传播性格色彩，才算真正找到了自己的位置。找到了位置的乐嘉充分发挥了自己的特长，很快成为性格研究领域的佼佼者。

因此，根据自己的性格来找，比较容易找到自己的位置。

2. 从自己的兴趣、特长、能力出发

根据自己的兴趣、爱好和特长来给自己定位，也是一个快速找到自己位置的方法。如果你喜欢打篮球、又有这样的特长，那你就可以把自己定位为一个篮球运动员；如果你喜欢文学，又文思泉涌、才华横溢，那么你可以把自己定位为一个编辑、作家；如果你喜欢科技发明，那你可以将自己定位为科技人员，甚至是科学家。

对工作有兴趣，才能投入热情；擅长这份工作，才能取得成绩。光有某方面的兴趣，没有这方面的特长和能力，这个位置也不适合你。例如，你喜欢打篮球，但你个子不高，四肢不发达，篮球运动员就不是适合你的位置，而一个篮球比赛评论员有可能是你的位置。

根据自己的兴趣、特长出发给自己定位，你会在这个位置上干得非常舒心、得心应手。

3. 看自己的理想是什么

每个人都有理想，做自己梦寐以求的事，内心就有动力，那么这个位置也会比较适合你。你的理想可能是李嘉诚那样的成功商人，也可能是乔丹那样的体育明星，或者是鲁迅那样的伟大作家，把自己的位置和自己的理想结合起来，朝着自己偶像的目标前进，你的内心就不会有游移、困惑、迷茫等负面情绪，而是充满了斗志。

把自己的性格、兴趣爱好和理想这三方面结合起来，去找自己的位置，你的定位一定是准确的。找到了自己位置，你的内心就变得踏实、坚定，所有的负面情绪立刻消失不见！

◎ 端正你的"位置"心态

你如何看待自己在公司里的位置，是认为公司有没有你都无所谓，还是离了你就不转？其实，这两种想法是极端和片面的。看轻和高看自己在公司的位置，会让你变得自卑或自大，这两种心态都会给你带来不好的情绪。

看轻自己的人会消极、懈怠，高看自己的人过于兴奋和激进，客观来讲，这两种工作状态都是不健康的。这两种心态和行为都偏离了职业理性，都存在一定的负面效应。

"人贵有自知之明"，就是告诉我们对自己要有合理的认知，看清楚自己的位置。

小王在公司的营销部门工作。对于现代企业来说，营销部门是非常重要的部门，没有他们的辛勤劳动，公司的经济效益就很难实现。因此，小王公司的老板也非常看重营销部门的员工，经常和其他部门的员工说，要配合他们的工作，不要扯他们的后腿。小王也很为自己在公司里的重要位置而得意。

这一天，小王从外地出差回来，到财务部去报销差旅费。他来到财务部，看到公司会计正在和一个人说话。他走过去对会计说道："赶快，把我这个差旅费报了。"

会计说："你稍等一会儿，我和同事正在对账。"

小王一听不耐烦地说："你们等一会儿再对，先给我报销。"

会计歉意地说："等一会儿我们还要从头开始对，你稍等一会儿，我们马上就好!"

"稍等一会儿?我忙死了,哪儿有工夫等你。快点!我还赶着见客户呢?"

"只需要5分钟就好。"

"5分钟?"小王叫起来,"我等你5分钟,客户会等我5分钟吗?影响了我和客户谈业务,你担待得起吗?你们那点工作算什么,早点做晚点做无所谓!我们的工作才重要,没有我们拿下订单,你们这里的所有人都得喝西北风!"

财务部的同事听到小王的话,面面相觑,个个脸上都露出不悦来。

像小王这种自大的嚣张态度自然会引起其他同事的不满。一个公司想发展壮大,每个人的位置都很重要,但绝对没有哪个位置重要到自己无可替代。但很多人却没有这样的心态:在一些技术导向的企业里,有些研发人员难免高估自己的重要性;在一些强调市场导向和营销环节的企业里,有些销售人员也会经常偏离正常的心态。而这些企业里其他部门的员工就难免看轻自己在公司的位置。

因为过高看待自己在公司的位置,就难免在工作过程中对其他部门人员有失尊重,甚至呼来唤去。他们认为自己为公司做出的贡献最大,其他部门的员工都是他们养活的。试想,怀着这种心态的人能够和其他同事和谐相处吗?彼此的情绪会不受到影响吗?

这些过高看待自己的员工,不但对同事不尊重,甚至以此要挟老板升职、加薪,否则就走人。无端的自我膨胀和优越感让他们变得目中无人,目空一切,夜郎自大,情绪不再正常,成为公司的隐形炸弹,破坏力说不定哪一天就爆发了。

其实,对这些员工来说,别太拿自己当回事,即便你再能干,天下能人也多得是,公司离了你照样转。而你不尊重同事、要挟老板,走到哪里都不会受欢迎，成为众人厌恶的对象。

再看看那些看轻自己的员工：岗位职级不高、工作内容简单、工作权限范围窄，因此，觉得自己对公司不重要，老板也不看重自己，因此对岗位不满意、对老板不满意、对薪水不满意，在工作中无法积极起来，变得消极，天天混日子，不好好配合那些"重要"员工的工作，甚至对他们有抵触情绪，发生冲突，由此产生了一系列的负面情绪。

在一台机器里，再小的零件，机器缺了它也无法运转。一个公司里的岗位也是这样的，每一个岗位的职能都不可或缺。就算自己的工作不能直接给公司创造经济效益，但那些所谓"重要"员工的工作离了你的支持却无法正常开展。因此，认为自己不重要的思维倾向是绝对不正确的。

因此，要正确看待自己的位置，不能扭曲自己的认知，不要变得自大或自卑，要有更加健康、平和的职业心态，别认为自己不重要，也不要认为自己太重要。

作为一个职场中人，要时刻保持这种成熟健康的心态，这种心态将带给你平和、坦然和淡定的情绪，每天都能感受到自己的存在，感受到自己的价值，这也是幸福和快乐的源泉。

◎ 明白工作的意义不只是薪水

你会为工资伤脑筋吗？这个工作工资太低，干着没劲；自己干得多，却拿得少，不公平；很长时间都没加薪水了，只让加班不加薪水，谁愿意干啊。这些都是你因工资产生的抱怨。的确，职场中人因为工资心情不悦、情绪不高是常有的事。因此造成我们的消极怠工：不加工资就不好好上班，什么时候加工资了，再好好干。

如果你有以上的种种想法和心态，只能说明你还不懂得工作的意义。

一位年轻的记者因为薪水低，心情一直特别郁闷，他决定完成最后一次采访任务就辞职。这次他要采访的是一名非常知名的企业家，因为是最后一次采访了，这位记者还是尽量调整心情，做了认真的准备。因此采访很成功，他和这位企业家谈得非常愉快。

采访结束后，企业家亲切地问年轻人："小伙子，你每个月的薪水是多少？"

这下说中了年轻人的心事，他叹了一口气说："薪水很少，每个月只有3000元。"

企业家微笑着对他说："很好！虽然你现在的薪水只有3000元，可你所得到的远远不止这3000元。"

年轻人听后，吃惊而又疑惑地望着他。

企业家接着说："小伙子，从你今天对我采访来看，你是很有工作能力的，其他各方面素质都很高，我相信你日后一定会取得很大的成就。所以，要多多积累各方面的经验，不要管目前的薪水高还是低，要争取在工作中得到成长和历练，那么日后就一定能有作为。这就像在银行里存钱一样，你的钱能够在银行里生利息，将来它会连本带利地一同还给你。"

企业家的话让年轻人受益匪浅。多年后，这个年轻人成为业内一名出色的记者。回想当初与企业家的谈话，他感慨地说："对于年轻人来讲，注重才能的积累，比注重目前薪水的多少更加重要。这才是工作的真正意义。"

的确，一个只为薪水工作的人，是不会看到工资背后可能获得的成长机会的，也不会意识到从工作中获得的技能和经验，对自己的未来将会产生怎样的影响，更无法在工作中体会到乐趣。

只为薪水工作的人，很难在工作中投入热情，他们对工作没有良好的态度，完全是看工资干活，工资少，那就少做，能不做的就不做，敷衍了事。他们觉得这样对得起自己的工资了，却从未想过是否对得起自己的才华、自己的前途，对得起家人和朋友的期待。

他们因为不满意自己的薪水，就把比薪水更重要的东西也放弃了，这实在太可惜。被他们放弃的这些东西与薪水相比，其价值要高出千万倍，在未来能为他们换取更多的金钱。可是，他们不明白这些道理，只是一味地对工作产生抵触情绪。于是，他们卓越的才华和创造性的智慧悉数被吞噬，成为没有任何价值的员工。

郁闷、消极等抵触情绪永远换不来加薪。对于职场中的人来说，尤其是初入职场的年轻人，更不应该为薪水而工作，那无异于毁掉了工作给予你的其他更多的回报。这样的态度会让你陷入一种恶性循环之中：越是抱怨工资低，越是无心工作；越是无心工作，越是创造不出工作成就，越是不会涨工资。

所以，在开口抱怨薪水微薄之前，你不妨先问问自己：我为工作付出了多少？很多时候，并不是老板不给你加薪，而是你的能力和经验还没有达到那个水平。因此，这个时候，如果能把对工作的抵触情绪转变为"抱怨工资低，不如自我增值"的正能量，那么你在未来会得到包括工资在内的更多东西。

因此莫要因为一时的薪水低，就对工作产生抵触情绪。要放弃只为薪水而工作的念头，快乐也会如期而至。要把未来赚更多的钱当作自己的激励因素，而不是把"现在薪水不高"当作自己不努力工作的借口。在工作中充满激情的人并不是工资在推动着他们，而是成就感在激励着他们，这种价值观超越了金钱的影响力。

工资当然是我们工作的目的之一，但是比工资更可贵的，是在工作中获得的宝贵经验、良好的人际关系、才能的充分表现和人品的普遍认同，这所有的东西加起来才是工作的全部意义。而这些才是决定你的薪水水平的重要因素，而不是你想当然地想加薪就会加薪。

工作的意义远远不只是薪水，明白了这一点，你的消极情绪就会一扫而光。然后，你才会专注于工作本身，你才能够做出成绩。这时，你会发现加薪并不是一件难事——没等你主动提出这个要求，老板竟然主动为你加薪了。

◎ 牢骚是职场的大忌

谁都想拥有一份理想的工作，但理想与现实之间总是有着巨大差距。许多人怀着美好的憧憬，想在工作岗位上充分施展自己的才能，却发现这份工作并不是一个好的舞台，于是苦恼、抱怨、发牢骚。

其实，你应该明白，世界上没有绝对让你满意的工作，就如同你也不是一个绝对让上司满意的员工一样。但是我们却可以拥有让上司满意的工作态度，这种工作态度依然可以让我们在不满意的工作岗位上取得成就！

小王和小李毕业于同一所大学，都是硕士研究生，他们同时到一家公司去应聘，应聘到某公司任销售经理。刚上班，公司安排他们两个做销售代表去站柜台。一开始，他们两个对这种安排十分不情愿，他们想："堂堂硕士研究生，竟然让我们站柜台，太大材小用了。做这个工作，我所学的东西完全用不上。看来这份工作很不怎么样，还是找机会辞职吧。"

于是在开始的阶段，两个人对工作都没有什么热情，都在发牢骚、抱怨工作不好。但几天之后，小王就停止了发牢骚，他想："既然到这个岗位了，不管干多长时间还是尽量好好干吧，多多少少总能学到点东西。毕竟自己没有实践经验，从基层做起，也是应该的。"于是，他开始转变工作态度，对工作变得认真起来。

而小李却还是满腹牢骚，没心情好好工作，整天抱怨。在接待一位公司的顾客时，他出言不逊，同顾客吵起来，得罪了这位顾客。因为这件事，小李受到公司领导的批评，小李情绪更坏了，本来就不满意工作，还要挨骂受气，一气之下辞了工作走了。

小李走后，小王更加认真地对待工作，他发现每天在柜台接待顾客，可以认识很多公司的新老客户，他留了心，把这些客户的很多资料都记了下来。

3个月后，小王被调离了柜台的岗位，真正到销售部门工作。到了销售部以后，他在柜台认识的那些新老客户的资料都派上了用场，再加上他的努力，在工作上突飞猛进，取得了不小的成绩。

1年以后，他正式负责销售部门的全面业务。他充分利用自己的基层工作经验，带领团队取得了良好的业绩。不久，他被提升为业务副经理。而那个爱发牢骚的小李在别的工作岗位依然爱发牢骚，因此他的工作成绩始终平平。

在谈起这段往事时，他颇有感慨地说："刚开始工作，我的确对工作不满意，但是我想走到哪里都没有完全令我满意的工作，与其发牢骚，不如珍惜现在的工作机会，把自己变成令自己满意的人。"

同样的学历，同样的机会，为何会有不一样的结果？原因就是小李不懂得控制自己爱发牢骚的坏脾气。

工作是我们的生存之本，不管满意与否，都要坦然接受。偶尔地抱怨一下，缓解一下自己的情绪就可以了，但切不可总是抱怨，从而不认真工作。它只会削弱你的责任心，降低你的工作积极性。

现在的工作竞争很激烈，想要拥有一份工作都不是件很容易的事，更何况是绝对让你满意的工作。而且一份工作好不好，不是马上就可以判断出的。公司在发展，你个人也在成长，一份工作好不好还要看未来的发展。

工作的价值不是由工作来决定的，而在于你的态度。有了正确的态度，我们才能在一种良好的情绪下投入工作；而没有这个正确态度，我们就会不断地发牢骚，在坏情绪中消极工作。

人与人之间存在的差异很大程度上取决于他们的态度。一个人的出身、学历、背景固然重要，但抛开积极的态度，成功似乎就变成了遥不可及的事情。

从事一番轰轰烈烈的事业是许多人梦寐以求的，但梦想的实现要建立在脚踏实地的基础上，在平凡的工作当中不断锻炼、不断提高、不断学习，最终赢得成功。工作的意义不是充满幻想，而是脚踏实地地去做，不论你对现在的工作喜不喜欢，都要尽心尽力干出成绩。

所以，放弃对完美工作的幻想，尽职尽责地把现在的工作做好，用自己的行动去创造自己的美好前程。没有实际的努力，理想就会成为空想。停止对工作没完没了的抱怨，莫要再让你的坏情绪毁了你的大好前程。

◎ 长时间止步不前，不必太郁闷

走上工作岗位几年后，我们发现自己陷入了一种困境：工作岗位没有任何变化、工作职位没有任何提升，工资当然也没有任何增加。面对长时期各方面的"止步不前"，每个人心中都会感到郁闷。

每天一成不变的工作内容让我们失去了初入职场时的热情，微薄的工资让我们每到月底就捉襟见肘，稍微奢侈点的消费都让我们思量再三，想孝敬父母也是"心有余而力不足"。总之，工作和生活都让我们感到不满意，尤其是和某些混得不错的同学和朋友比起来，更让我们感到失落。

嘉信是一家公司里的普通职员，在这家公司里工作已经两年了。这两年来，他没有换过工作岗位，所以他也不会其他的东西；他也没有去"充电"学习新东西，因为不想太累。他的工作不好不坏，能力马马虎虎。

所以，他的职位也没有得到过提升，工资还是和入职时一样多。头一年他倒不觉得这样有什么，但到了第二年，他逐渐感到不满足了。尤其是看到和他一起毕业的同学，已经在所在的公司当上了主管，拿到了较高的工资，而自己仍是一个最基层的员工，相比起来不免相形见绌。

然而，他又看不到自己升职加薪的可能。想跳槽，好像也找不到更好的工作，这让他感到非常郁闷。一有了郁闷的心情，他对工作也不认真了，生活也觉得没意思了。上班随便对付，下班到处溜达，整天一副精神涣散的样子。渐渐地，一些重要的工作也轮不到他了，这让他的心里更加烦闷和无聊。

是的，职场中的每一个人都希望拥有高职位、得到高薪，因为这不仅可以让我们拥有较高的生活质量，同时也是对我们工作能力的一种肯定，是自身价值的一种体现。所以，我们才会为此感到郁闷和失落，同时也不免抱怨上司：为什么总是不给我升职加薪？也不免忌妒他人：为什么你们就能得到机会？但很多人却忘了问一问自己：我没有得到机会垂青的原因是什么？

要想弄明白这个问题，先回答这个问题：怎样才能得到高职和高薪？当然是要有与之相匹配的工作能力。所以，先反省一下自己，在这么长的时间内，自己的工作能力有没有大的提升、是不是优于其他的同事？

如果你的答案是否定的，你还有什么资格要求升职和加薪？大部分上司的眼睛是雪亮的，他们之所以没有给你机会，肯定还是因为你的工作能力不够。因此，盲目地、一味地埋怨上司给了你不公平的待遇，丝毫不会消除你的郁闷情绪。

但如果你的答案是肯定的，你确实有一定的能力，而且对工作尽职尽责，却长期被上司忽略；或者上司非常了解你的工作能力，也肯定了你对公司的贡献，但只是口头表扬你，却小气得不给你加一点工资，那么你真的有理由郁闷。

但是，我们不可能任由这种郁闷的心情长期折磨我们，必须找到治疗我们郁闷心情的药方，那就是做出改变。或改变事情，或改变心态，或改变认知，唯有如此，才能改变现状，才能改变郁闷的情绪。这药方究竟是什么样呢？我们一起来看一看：

1. 坦然接受自己的现状，不再郁闷

如果自己的工作能力确实很一般，各方面都不及其他同事优秀，那么我们没有得到升职与加薪也是理所应当的。这个时候，郁闷也无济于事，要明白这世界上大部分人都是普通的，将领只有一个，士兵却有一大堆。想明白这些并坦然接受自己的现状，才能不再郁闷。

2. 立刻投入工作，停止郁闷

当我们看清了自己的实力，并明白了薪水与成长孰轻孰重之后，就不会再为长时间的止步不前而过于郁闷和纠结了。但这其中有一部分人确实是有能力和有潜质的，若要他们的郁闷情绪彻底消失，还必须再下一粒"猛药"：不能被动等待，要在积极准备中等待机会的垂青！

虽然目前高职和高薪还没有降临到他们头上，但不代表他们永远都没有机会。不能因为机会长期冷落了自己，就浇灭了自己对未来的热情。或许机会觉得我们准备得还不充分、经验和能力还没有积累到一定程度，所以机会只是在我们身边徘徊，却不肯降落到我们头上。

所以，立刻停止郁闷吧，我们要更加努力地工作，而且要在平和的心态中积极地工作。要相信：足够的量变才能引起质变，厚积才能薄发！当我们的能力足够地强，素质足够地高，不仅现在的上司会注意到我们，就连其他公司也会向我们伸来"橄榄枝"。那时，我们的人生就会由长时间的"止步不前"而变为"质的飞跃"，郁闷的情绪也因此一扫而光！

3. 不纠结于职位和薪水，要庆幸得到了成长

我们工作的目的是什么？简单地说，一是在工作中得到成长和历练；二是通过自己为公司所做的贡献获得薪水。也许很多人都更看重后者，觉得这才是我们努力工作的最大回馈。

但我们仔细想想，薪水总会花掉，但在工作中得到的成长和历练却永远属于我们。也许今天的薪水小于我们为公司的付出，但公

司为我们提供了学习的机会、成长的舞台。我们刚进公司时什么都不会，是上司、是更有经验的同事手把手教我们，才让我们学到了这么多。这些工作技能和经验一生都将伴随我们，让我们不断增值，获得在社会上生存、竞争的机会，这些难道不是这份工作给我们的回馈吗？这些回馈不比有形、有限的工资价值更大吗？

所以，我们看待问题的目光不能过于短浅和肤浅，我们要赢得的是未来，而不是一时的得失，这样想，你就不会感到太郁闷了。

◎ 豁达地看待比你强的同事

有时候我们会用这样的眼光和心态来看待同事：

"人家不仅工作能力强，还那么善于处理人际关系，看看我自己，什么都不行，真让人自卑。"

"为什么她学历比我高，长得还比我漂亮？老天爷真是不公平！"

"哼！一来就坐上高位置，不就是有个有钱的老子吗？"

面对比我们强的同事，我们有各种各样的情绪和心态：自卑、妒忌、抱怨、酸溜溜，等等。尤其下面这个故事中的主人公，她对比自己强的同事有更加纠结的心态：

安娜与同事丽达本是非常要好的朋友和同事。丽达比安娜晚一年进公司，丽达刚进公司时，安娜十分照顾丽达，每当遇到难缠的客户，安娜都会主动帮她搞定。当丽达业绩不好的时候，安娜还会和她一起想办法。

凭着自己的努力和悟性，丽达在工作上取得了很大的成绩。丽达心中明白，这当然离不开安娜的帮助，因此心里对安娜特别感激。再后来，丽达凭着良好的工作业绩升职做了主管，成了安娜的上司。

这可让安娜心里有点不舒服："如果不是我当初帮你，你能当上主管吗？"

因为有了上下级的关系，更因为忌妒，安娜开始刻意与丽达保持距离。

有一次，丽达与安娜共同负责一个新产品的市场推广方案，两个人同时向客户提交了自己的提案，但客户采纳了丽达的提案，并当着安娜的面提出单独与丽达面谈，这让在场的安娜感到非常难堪。

这种难堪让安娜心中非常痛苦："凭什么？凭什么她比我强？"这时，她对丽达的感觉已经从忌妒变成了恼怒，这种恼怒让她无法控制自己的情绪……

当天晚上，丽达就新产品推广方案的问题与客户谈到了很晚；与此同时，安娜故意约公司一个特别八卦的同事吃饭，暗示丽达和客户在酒店待到很晚才离开……

第二天，丽达一来到办公室，就听到办公室的同事在窃窃私语：她和客户在酒店彻夜不归……后来，这件事被越来越多的同事知道，竟然成了全公司同事茶余饭后的谈资。丽达不堪其扰，最后，辞职了！结果，这个项目公司没有接下来，导致了巨大的亏损。而安娜，自然也受到了上级的处罚，毕竟她也是这个项目的负责人之一！

丽达的辞职让安娜后悔不已，她不停地自责：自己只是想说点丽达的坏话，发泄发泄自己心中的情绪，她并不想造成这样的结果。为此，安娜的心中背上了沉重的十字架。后来，她也选择了离职，可是无论再到哪个公司，她的这个心结都无法解开。

安娜并不是十恶不赦的坏人，她只是不能正确地看待比自己强的同事，也不能合理地调控自己的情绪。但正是因为不懂得如何调节情绪，她表现出了狭隘、妒忌和冲动的心理，结果失去了一个好朋友、好同事，也给双方的心灵都带来了伤害。

比我们强的人哪里都有，如果碰到比我们强的人，我们就像安娜一样产生那么严重的负面情绪，那将给我们自己和他人造成很大的困扰；如果看到同事比我们强，就无法容忍，情绪失控，那只会让自己做出伤害同事、令自己后悔的事情，并影响两个人的工作和前程。

因此，当他人比我们更优秀时，我们更应该从自身找原因，而不是通过一些不正当的手段去抑制他人的进步。也许我们转变以下两个认知，心情就会立刻变得豁达：

1. **别人可以比我们强，但未必有我们强大**

我们这一生会遇到很多比我们强的人，如果那么在意的话，一辈子都将在不快乐中度过。别人可以在能力上强过我们，但我们在心理素质上却不能输给他人。一个内心强大的人才是真正"强"的人。所谓内心强大，就是看淡得失、不轻易自卑、能够经受挫折。

一个内心强大的人，这一生都不会有失败感，因为他们不会跟别人比，只会跟自己比；他们不会让外界的任何因素影响自己的情绪，他们永远接受现在的自己、享受目前的生活，但心中永远有自己的目标。

成为一个内心强大的人，比成为一个一时很强的人要困难得多。如果你能把成为一个内心强大的人当作人生追求的目标，就不会再去忌妒一个工作能力一时比你强的人了。

2. **人生要比的不是一时的强大，而是一生的强大**

我们都有过这样的经历：前几年某个人还是你的上司，今天却成了你的下属；刚刚入职时，某个同事各方面都优于自己，没过多久，自己就凌驾于他之上。这说明什么？说明事物是发展变化的，而不是停滞不前的。所以，不必为某个人比自己强而自卑，也不必为自己比他人强而自大。

人生是一场马拉松，而不是一场百米赛跑。我们要比的不是一时谁比谁强，而是这一生谁更成功。因此，完全不必介意同事比你强，你只是这会儿累了，跑得慢了一点而已。你这会儿要做的不是忌妒前面比你跑得快的人，而是要找到自己跑得快的方法。

所以，比你强的同事不是你前进的阻碍，而是你奋勇向前的驱动力，那么，对这个驱动力，你有什么好忌妒的呢？完全可以豁达对之。

◎ 学会消化和同事之间的矛盾

如果有人问你，你和同事之间的关系是什么？

也许你会说：就是在一个公司工作，私底下没有什么来往。

或许你会说：我们不仅仅是同事，同时也是很要好的朋友。

但有一小部分人会从鼻子里挤出一声：哼！同事？同事就是竞争对手、是死对头、是敌人！

看来，我们和同事的关系是多种多样的。仔细算算，我们和同事在一起的时间并不比和自己的家人在一起的时间少，所以，我们和同事之间的关系应该是我们生活中很重要的内容，其关系的好坏也影响着我们的心情。

所谓同事，就是一同做事情的人，为同一个公司或同一个工作目标而努力的人，所以说，同事应该是同行者。但同行者之间也会有很多矛盾。小摩擦就不用说了，牙齿碰到舌头的时候总是有的；大矛盾则是同事之间的职业竞争，只有一个职位，升他就不会升我。他锋芒毕露，上司必然看不到我。于是互相排挤、互相打压，最终矛盾升级，成为死对头甚至敌人。

明丽在一大型公司做副主管，最近正主管辞职了。按工作能力、工作经验，明丽继任正主管是顺理成章的事，但公司并没有任命她，而是又招了一名新主管。这位新主管比明丽年轻，重要的是学历比明丽高，人家是重点大学的本科生，而明丽只是一个普通大学的大专生。

这让明丽特别地郁闷，加之和她关系好的几个手下又拍她的马屁说："她有什么呀，除了学历比你高点，其他方面哪点比你强？"

因此，明丽怎么看都觉得这个新来的同事不顺眼。新主管虽然是正主管，但毕竟刚来公司，对公司的工作不熟悉，少不了要请教明丽。明丽则阴阳怪气地说："哎哟，你是正主管，我可没资格教你。"

不仅如此，明丽还撺掇下属们不要配合这个新主管的工作，处处为难这位新主管，弄得这个新主管在刚开始的一段时期内工作非常被动。

这个新主管刚开始并没有发作，但随着她工作的熟悉，上下级之间关系的培养，以及权威的树立，她开始"报复"明丽了——在工作中处处挑明丽的毛病，动不动就去上司那里告她的状，那些昔日拍她马屁的下属们也纷纷"倒戈"了。明丽成了孤家寡人，每天上班都小心翼翼、如坐针毡、在痛苦中度过。

像明丽这样的经历我们曾经或现在正在感受。也许，把职场比喻成战场严重了些，但职位竞争，确实就是同事之间的"另一种战争"。

的确，谁不想在职业生涯上"更上一层楼"？这种上进心当然是要鼓励的。但高职位应该通过自己正常的、友善的方式获得，当无法获得时，又可以坦然接受。这才是一个高素质的职场人应该有的作为和气度。

和同事争斗,受害者是谁呢?当然是争斗的双方。彼此的注意力被分散了,不再全神贯注在工作上,而是千方百计地找对方的毛病,同时又要小心翼翼地防止对方挑自己的毛病;见了面时不再友善地打个招呼,而是恶狠狠地彼此瞪一眼。长期处于这种紧张、剑拔弩张的情绪中,对自己的身心能有好处吗?对工作本身能有帮助吗?如果工作受到了影响,又要受到上司的责骂,情绪岂不是更糟糕?

因此,立刻停止和同事继续"争斗"的想法,马上停止这种不够成熟理智的行为和心态,不要再把同事当敌人,而是要主动和同事做朋友,消除敌意。同事不仅是我们的竞争对手,也可以是自己的朋友。

这不仅是因为我们和同事同处一个公司,是一个"战壕里的兄弟",更是因为漫漫人生路,能和我们成为同事、朝夕相处、结伴同行一程的人都应该是有缘分的,应该珍惜。就算同事的某句话曾令我们难堪,做的某件事曾令我们难受,但事情过去了就应该释然。

所以,我们不妨大方地主动走过去,和同事握握手,一起吃个饭,化解彼此的敌意。从此互相学习、互相竞争,形成了一个良性循环,彼此的关系从敌对变得融洽,彼此的坏情绪再也不会有了。

◎ 学会和难以相处的同事相处

"真讨厌，我又没有得罪他，他为什么要打我的小报告？"

"这人真自私，说话又难听，和他搭档真难受。"

面对公司某个难相处的同事，你是否也曾经有过这样的抱怨。的确，我们踏踏实实工作、本本分分做人，以此获得了上司的青睐，却有人唯恐我们捷足先登、占据他们谋划已久的位置，所以就暗地里搞小动作、打小报告，以此破坏我们在上司心目中的形象，达到他们不可告人的目的。

还有些同事，为人自私自利，说话阴阳怪气，天天耷拉个脸，好像我们欠他钱似的；也有那么一些同事，虽然没有和我们起过冲突，但却总是和我们保持着距离，令人难以接近。

这些难相处的同事是我们在公司里难以挥去的烦恼，影响了我们工作时的心情，甚至让我们怀疑自己：我哪里做错了？

吴明在这家公司工作已经一年了，他为人低调，工作勤奋，和公司大多同事也都相处愉快。唯独一个女同事，吴明特别怕和她打交道。

这位女同事年长他几岁，比他先进公司，因此总是摆出一副"前辈"的姿态，自己不干活，还特爱对别人指手画脚，在职位上明明和自己同级，却弄得好像是自己的上司。

有一次，吴明和这个女同事共同负责一项工作。吴明心里暗暗不爽："真倒霉，和她分到一块儿。"

果然，在工作中，这位女同事又发挥了她"指挥家"的本色："吴明，你把这个复印一下。"

吴明刚复印回来，正要做自己的事情，这位大姐又发话了："吴明，这个数据你再算一下，要保证绝对地准确。"

吴明忍不住反驳说："我还有其他工作要做呢？"

"你那工作不重要，先做这个。"

"凭什么你认为我要做的不重要，你让我做的就重要？这么重要你为什么不自己做呢？"

这位女同事一听吴明这话，脸色马上难看起来："哎哟，你这是怎么说话呢？你没看到我忙得团团转吗？"

吴明心里也来气了，心里想："不是你忙得团团转，是你把别人指挥得团团转。"但他知道这话只要说出来，肯定要引起争吵，他不想引起大的冲突，因此还是把话咽回了肚子里。但这之后，这位女同事却和他"杠"上了，不是说他做事太毛躁，就是说他上班不专心，老打私人电话，有时还迟到，还到上司那里去告他的状。

吴明气愤地找领导说明原委，谁知领导只是淡淡地说："她的脾性大家都知道，你不必在意，好好工作就行了。"

既然领导都这样说了，吴明也不好再说什么了。可这位女同事只要在工作中和吴明打交道，就没给过他好脸色和好言语，弄得吴明很是烦恼，都没办法好好工作了。吴明恨不得辞职不干，这样就不用再见到这个讨厌的人了。

面对这样的同事，我们真的无可奈何。在这种不和谐的环境中工作，我们的情绪又怎么可能积极主动？

然而，吴明辞职的想法，真的合适吗？当然不是！如果这样做，那才是正中某些人的下怀。同时，这也说明了我们的内心太过脆弱，更说明了我们不懂得调节和转化自己的情绪。

实际上，我们完全不必这么烦恼，因为我们到一个公司里是为了工作，不是为了和某个人较劲。因为某个难相处的同事过于烦恼，甚至辞职不干，那就太因小失大了。其实，我们只要稍微转变一下想法和做法，这些烦恼就会不胫而走。

1. 把精力放在工作上，忽视这些人的存在

对于这些无风不起浪、喜欢乱打小报告的难相处的同事，最好的还击办法就是漠视他们的存在。他们难听的话只当没听到，难看的脸色只当没看到，在自己的内心深处尽量不受到他们的影响。

也许，我们在刚开始时难以完全做到，那就先从表面上不在乎他们，然后再在心里忽视他们。当这些人发现他们的伎俩对你完全没用的时候，就觉得自己的表演没什么意思了。

在漠视他们的同时，要把注意力完全集中在自己的本职工作上，一是为了转移注意力，二是为了把工作做得更完美，让他无缺点可找、无把柄可寻。

当这些人既没找你毛病的机会，又没找你毛病的兴趣的时候，你的烦恼自然也就消失了。

2. 哪里都会有这样的人，唯有学会适应才能不烦恼

面对这些难以相处的同事，我们千万不能意气用事一走了之——用辞职来躲避这些人。这种方法是最愚蠢的。为什么这么说？你问问那些在职场上混迹多年的人就知道，在任何一个公司、任何一个部门都有这样难以相处的人，即使换一个公司，依然会遇到这样的同事、这样的烦恼。

因此，这类人躲不了，这个问题没办法逃避，只有想办法学会适应。适应他们并不难做到，因为公司大部分的同事都是好的，都是可以给你带来愉快情绪的，只要你不天天盯着这点不愉快，不过于放大这些难相处的人带给你的烦恼，那么众多的愉快情绪完全可以消解这丁点的不愉快。

只要你这么想，你就完全没必要为这些不值得的人和事烦恼了。

◎ 学会消解与上司之间的矛盾

员工和上司之间的关系,实在是一个敏感的话题。有时候有点像老鼠和猫,我们惧怕上司,却又必须跟他打交道。尤其是产生了矛盾时,我们更是不知道该如何处理。表达吧,他毕竟是上司,能不能接受?自己会不会因此得罪他?不表达吧,自己心里憋着委屈、难受。

林枫在这家公司工作得一直很顺利,虽然工资不算太高,但工作很开心,和同事相处得很好,尤其是和上司之间沟通起来特别顺畅,这是他愿意在这家公司长待的最重要的原因。

不过,最近公司更换了一个新领导,一段时间接触后,林枫发现这个领导的工作能力和原来的上司相去甚远,脾气也非常古怪。

有一次,这个新领导批评林枫在工作中犯了错误,但这个错误并不是林枫造成的,因此林枫极力向领导说明。但领导并不想听他的解释,反而说他态度非常不谦虚,竟然和领导顶嘴。林枫觉得非常憋屈,他觉得这个领导既不懂业务,又不懂管理,重要的是很难沟通,这样下去,工作无法顺利开展,自己干得也很不开心。

之后林枫又和领导发生了一些小摩擦,彼此都对双方很不满意,领导通过训斥他来发泄,但林枫的情绪却无处发泄,只能憋在心里难受。

在这种情况下,林枫萌发了辞职的念头,但他在这家公司已经工作多年,已经适应了这个工作,公司的待遇也很好,同事们也舍不得他走，这让林枫陷入了纠结和煎熬之中。上班时他也在想这件事，下了班和哥们儿唠嗑也是说这件事，这件事严重影响了他的情绪和生活。

有一个好沟通、能够和谐相处的上司是每一个员工的福气，因为这不仅有利于自己的工作，更能让自己开心地工作。然而，并不是每一个人都有这样的好运气，碰到一个脾气古怪、素质不高的上司也很常见。即便是一个各方面都很好的上司，也很难保证在工作中没有一点摩擦。

那么，和上司有了摩擦、矛盾，致使我们产生了不愉快的情绪时，我们该如何解决？可能有些员工会像林枫一样用辞职来解决这个问题，但是，这样做付出的代价太大了：我们虽然不再因为这个上司而郁闷，却会因为失去了工作更加郁闷。

那么选择隐忍或者爆发是不是妥当呢？是不是有助于缓解自己压抑的情绪呢？我们一起来看一看。

1. 不要冲动，情绪会好一点

我们在解决和上司的冲突矛盾时，最要不得的方式就是和上司顶嘴、硬碰硬，大吵一架更是要不得。这样只会令双方的矛盾激化。

因此，和上司之间不管是小意见还是大冲突，尽量不要和他起冲突，而是先默不作声或顺着他的话说，等他的气消了，再想其他方法来和他沟通。这样可以让彼此的情绪都稍微缓和一些。

2. 正确看待上司的挑剔和批评，适当表达自己的不满

在面对上司的指责和批评时，不要盲目地进行反驳和狡辩，而是要先反省自己是不是真如上司所说的那样。如果是，你就不应该有任何抵触情绪，而是心悦诚服地接受批评；如果不是，你也不要当场就大喊委屈，应冷静解释清楚。

我们应该采用迂回一点的方式来表达不满。例如，可以给上司

写一封邮件，也可以让其他同事代为转达自己的意思。这样既表达了自己心里的委屈，释放了自己的情绪，又照顾了上司的面子。

3. 了解上司，改变自己，适应和体谅上司

我们之所以和上司难以沟通、产生矛盾，对上司不够了解是其中一个很重要的原因。不了解上司想要的最终结果是什么，不知道上司的脾性如何，不适应上司的工作方式，这些都会造成和上司之间的隔阂和距离，甚至矛盾冲突。

我们要想改变这种状况，就要尝试去了解上司，同时改变自己去适应上司。作为上司，他们有比我们更大的压力，他们看问题的角度也和我们不太一样，因此要学会站在上司的角度去体谅上司。

只要不是一个恶劣至极的上司，他都会看到你的转变的，或许他也会检讨自己的工作方式，并放下矜持去适应你。那么你和上司之间的关系就会得到很大的转变。

◎ 莫把生活中的情绪带到工作中来

带着情绪工作，怎么可能工作好呢？但是生活中总是有诸多的麻烦和困扰，严重影响着我们的情绪。于是工作中的情绪和生活中的情绪互相影响、互相传染，使我们整个人处于精神崩溃的边缘。

员工优秀与否，工作能力是其中因素之一，"情绪控制能力"也是重要因素。心理素质甚至对能否胜任某一岗位起到了决定性作用。能够控制情绪，是大多数工作的一项基本要求，尤其在管理、服务行业更是如此。

晓琳是一个服务行业的员工，每天要面对大量顾客，需要精神饱满，笑脸相迎。但这几天，晓琳怎么也笑不出来，因为她和男朋友分手了，情绪跌落到了极点。

早上上班时，脸上还有晚上哭泣的泪痕。面对顾客，她也是三言两语就打发了。她的坏情绪严重影响了工作，结果这一天她没有任何工作业绩。

晓琳这种不好的情绪持续了两三天还没好，每天工作都不在状态，懒洋洋的不说话，见了顾客也不怎么招呼，这样的情景被老板看在眼里，于是批评了她。情绪正糟糕的晓琳怎会接受老板的批评，她和老板顶起嘴来，说情绪不好，没法好好上班。

老板说，作为一个成熟的人，一个好的员工，应该善于控制自己的情绪。起码在上班的时候要控制好自己的情绪，下班后再发泄也可以，但不能把生活中的坏情绪带到工作中来，这样会严重影响工作状态。

面对老板的批评，晓琳心里明白，可是却做不到。

人生在世，谁都会遇到不顺心、不如意的事情，情绪上有些波动在所难免，悲痛难当也可以理解。但只要到了公司，就要放下这些不愉快的事情。不管你在生活中遇到了什么不痛快的事情，都不应该带到工作中，这是最起码的职业素质要求。

若把坏情绪带到工作中来，不仅影响到自己的工作，还会波及身边的同事。我们经常会发现周围那些脾气执拗、暴躁的人，因为一点点小事就大发脾气，让同事心生反感，给上司留下了很不好的印象，因此也导致自己错过了很多发展的机会。

尤其是服务行业，是直接为客户服务的，如果员工的情绪不好，就会影响到服务的质量，也会影响到客人的情绪，甚至和客户发生冲突。而客人对服务产生不好的印象，就会减少回头率，甚至可能永远不再登门。这对你自己和公司都是莫大的损失。

走向职场,不可能像小孩一样,有了不好的情绪就随时随地乱发泄。公司是公共场所,不能随心所欲,为所欲为,不能不顾对象,不考虑场合乱发脾气。公司不是家里,同事不同于家人。在家中,即使是自己犯了错,乱发一通脾气,家人也会包容和宽容你。但在公司就不同了,这是正式的工作场合,大家都是为着工作才聚到一起来的。谁也不是来看你脸色,听你的冷语的。老板更是如此,他是雇你来工作的,不是让你来这里闹情绪的。

所以,生活中的情绪要在生活中解决,在一天的工作开始之前,就要学会把情绪抛开,以良好的状态投入到工作中去。如果你觉得做到这样有点难,那么可以尝试用下面几条方法来转化:

1. 心理暗示法,情绪立刻变好

每天上班之前,在心里对自己说:"要工作了,不管心情多么不好,现在都要立刻抛开,不能影响自己上班时的情绪,不能让同事们看出来,我相信自己能做到这一点。"这样做,就好像把生活中的自己和工作上的自己区分开了一样,坏情绪留在了生活中的自己身上,而另一个自己带着好情绪开始工作了。用这样的心理暗示法,情绪会在1分钟内得到转化。

2. 请假

如果你觉得自己的情绪真的很差,无论如何也控制不了,那么也不要强撑着,不如请假好了。休息一两天甚至更长时间,出去旅旅游,散散心,调整好了心情再回来工作。这比你强撑着上班好多了。

3. 数数拖延法

当实在控制不住情绪,想要发作时,不妨在心里默念:1、2、3、4、5、6……慢慢数,一直数到不再发火为止。

要想成为一名好员工,就要保持健康积极的心态,用理智驾驭自己的情绪。试想一下,一个性格孤僻、情绪恶劣的人,怎么能赢得同事的喜欢？又怎会有领导敢放心地将你放在重要的位置上？

用这些方法转化自己的情绪，效果都非常明显，尝试去做，你会发现顷刻间拥有一份好心情是那么容易。

◎ 如何缓解加班焦虑症

如果要问职场中人谁没加过班，恐怕没有人会举手。偶尔的加班大部分人都不会有太大意见。他们会说："适当的加班，可以提高自己的能力水平，所以我不会觉得太过烦躁。"

然而，倘若经常性地加班呢？相信很多人都会第一时间抱怨道："No！我不要这样的生活！这会让我很烦躁！"毕竟，加班剥夺了我们的私人时间，让我们无法得到充分的休息，更不能随心所欲地享受自己的生活。

小辉在一家外贸公司工作，工作体面，工资待遇也不低，因此，他在这家公司工作了三年。然而最近，他却越来越坚持不下去了，甚至觉得再多上一天班都会崩溃。

为什么会这样？原来，三年前小辉得到了这份来之不易的工作机会，他为此非常高兴，同学们也很羡慕他，纷纷说："如果他们有这样的工作机会，就算天天加班也无所谓。"

但事情不幸地被同学们所言中，上班后他果然天天加班，刚开始，他出于对工作的热情和珍惜，就算加班加点也毫无怨言，但架不住一加班就是三年。

在这三年中，他没有休过超过两天的假期，没有出去旅游过一次，晚上8点钟之前没有下过班。更要命的是，他连谈个女朋友的时间都没有。这不，最近处了个女朋友，但因为不能经常见面、没有时间好好经营这份感情，最终分手了。

小辉为此非常难过，但同时也开始为没完没了的加班感到厌烦和痛恨。他多么希望自己能像其他人一样，按点下班，去逛逛街、看个电影、健健身，但是他从来就没有过这么轻松的生活。他在想，什么时候自己才能不再为加班焦虑呢？

我们的生活离不开工作，但工作不是我们生活的全部内容。俗话说："一张一弛，文武之道。"生活需要调节，神经需要放松，情绪过于紧张就会崩溃。

或许，小辉的故事比较典型和极端，大部分的职场人加班的情况可能不如小辉那么严重，但仍然会对加班产生焦虑情绪，甚至因此产生职业倦怠感。

那么面对加班，我们应该怎么办？是舍弃这份工作？这样好像太不理智；是带着焦虑继续工作？这样肯定不利于身心的健康。那么应该改变的就是我们的工作方法和心理状态，如果这两方面调整好，经常性的加班是不会出现的。就算有偶尔的加班，我们也能以比较平和的心态接受。

1. 立即行动不拖拉，你就不焦虑

我们之所以会加班，原因之一就是不能在规定的时间把工作做完。要解决这个问题，办法之一就是不要养成拖拉的毛病和习惯。例如，在我们拿到一项工作任务后，要立即行动起来投入工作，在最短的时间或者在规定的时间把工作完成，这样就不会加班。

如果你这样想：反正时间还多，明天再好好做也不迟；或者今天情绪不好，明天再干吧。那么，你很可能就会在规定的时间完不成工作，所以不得不加班。

因此，改变你爱拖拉的坏毛病，不要认为时间越紧迫，你的工作效率才更高。这是一种侥幸心理，最后只会让你在焦虑的心情下仓促完成工作，工作质量也不会高。所以，改变拖拉，才能不再焦虑。

2. 合理安排工作，不再焦虑

除了不拖拉、立即行动之外，还要学会合理地安排工作，才能在规定的时间内把工作做完，不再加班。具体可以这样做：把工作分段，一星期做多少，一天做多少，每天必须把要做的工作做完。也可以这样做：先做最重要的，再做不太重要的。按照计划有规律地、按部就班地工作，既可以在工作的过程中将压力分解，也能够因此按时完成工作，不再加班，不再焦虑。

3. 工作之后，释放心情

有时候，我们的工作任务确实比较重，即使不拖拉、合理安排工作仍然是要加班。这时候，我们该怎样缓解自己因加班疲惫的心情？很简单，加班后好好地释放自己的心情：逛逛街，买点东西犒劳一下自己；和同事出去吃个饭、唱唱歌，放松一下自己；好好睡个懒觉，彻底地休息一下。当你有了这一系列的调节措施后，你因加班产生的疲惫感和焦虑感也就得到了转化。

4. 爱上工作，加班也是享受

要解决我们因加班而焦虑的问题，有一个办法就是爱上工作，把加班当成享受。也许很多人不能接受这一说法，觉得这种心态用两个字形容最贴切——自虐。但我们想一下，我们享受自己的爱好时、和自己心爱的人在一起时，是不是时间再久也不觉得累和烦呢？原因就是自己爱他们，和他们在一起的每一分每一秒都是享受。

那么，我们有没有可能爱上我们的工作呢？当然！当你的工作是你的兴趣爱好时，你的工作就成为一种乐趣，而非苦役，那么偶尔的加班或者经常的加班，你心里并不会觉得很累和烦，或许身体上会累一些，但起码不会产生焦虑的情绪。

但是我们并不是鼓励人无休止地工作,因为即便再喜欢自己的工作,身体和精力总是会有疲倦的时候。所以,爱自己的工作是为了缓解加班的焦虑,但仍然要注意适时休息。

◎ 用平和的心态对待工作得失

在工作中,我们总是要面对很多得失:得到了一份工作,却失去了追逐理想的机会;同样努力工作,自己却没有得到上司的肯定;自己花费了很多心血经营的客户,最终却被同事抢去了;升了职,加了薪,工作却忙碌了很多,因此失去了很多自己的时间;工作虽然清闲,但收入却很低……

面对这些得与失,你的心情如何?是怅然失落,还是无奈愤懑?你的心灵会因此失衡,无法平静吗?

韩林是一家公司的业务人员。做业务员不容易,每个月有订单任务,完不成只有基本工资,完成了工资就远远高于公司的后勤人员。好在韩林的能力还不错,在这家公司三年,每个月的收入都还是相当可观的。

但时间长了,他却对自己的工作很厌烦,原因自然是工作压力大,经常出差无法照顾家庭。最近,他的白头发越来越多,情绪也非常消沉,不想出去见客户,一听到客户的电话就烦。

在这种情况下,韩林就以身体不适为由,向上司请求给他换一个稍微轻松一点的工作岗位。领导鉴于他为公司做了不少贡献,就答应了他的要求。于是,韩林被调到了办公室做业务助理。这个工作非常清闲，平时没什么事，就是整理一下客户资料，接接电话。韩林做得非常轻松，在一段时间内他非常满足，也很感激领导。

但过了一两个月韩林又不满足了，为什么呢？因为以前做业务员，工资是拿提成的，他每月基本工资加提成数目不菲。而现在调到了办公室工作，工资是固定的，每个月的工资只有以前的一半。

这样大的落差让韩林心理不平衡了，他有些后悔调到办公室工作。可是现在再请求回去做业务，自己怎么好意思张口？领导和同事们会怎么看他？领导也未必会答应。这可怎么办？韩林陷入了纠结、痛苦的情绪当中。

韩林的痛苦就在于想"鱼与熊掌"兼得，既想要高工资，又想清闲，可惜世界上没有两全其美的事情，拥有此便会失去彼，因此他陷入了痛苦的旋涡中。

这不仅是韩林会面对的痛苦，职场中人都会遇到这样的问题，有些人的得与失冲突更大，更难抉择。例如，获得去外地工作的机会，对自己的职业发展相当有利，但却要和自己的女朋友分开，甚至会因此分手；这份工作虽然工作稳定，却不能发挥自己的所长，但选择了另一份工作，却有可能暂时朝不保夕。面对这些得失，我们都会心生烦恼，非常纠结。

对于这些得失我们应该有什么样的态度和认知呢？究竟该如何梳理才能让我们的情绪得到舒展呢？看看下面几条建议：

1. 眼光放远一点，看淡眼下的得失

眼光放远一点，就是说自己要有长远的目标，哪一个选择更接近自己的目标就选择哪个。比如说在工作的选择上，这一份工作虽然暂时待遇不好，但是自己的理想所在，长期干下去必然能做出成绩；另一份工作虽然稳定待遇好，但自己没兴趣长期干下去。就长远来说，前一份工作是对自己有益的，那么就不必再烦恼纠结，毫不犹豫地选择前一份工作。

又比如虽然升职了,但工作过于忙碌,失去了自己的个人时间,令你感到非常不自由。但你有没有想过,升职了,你的工资就增加了,金钱也给你带来了另外的自由,比如购物的自由,选择更好的生活方式的自由。其次,工作忙碌会让你学习到更多的东西,工作能力更强,因此在未来你有更多自由选择工作的机会。你的整个人生也许都会因这次升职发生大的转变。

因此,不要盯着眼下失去的那点东西,对于你一生将要得到的,这点失去是微不足道的。当你有了长远观以后,你对待所有事情的看法都会不一样,你不会再为眼下的一点得失而耿耿于怀、情绪不好,而是对待一切得失都更超然。

2. 放弃两全其美的想法,才不会心生烦恼

在得失之间痛苦纠结的人,都是"不好侍候的主儿",为什么这么说呢?因为他们既想要这,又想要那,总是不满足。

比如说想工资高,又不想太忙太累;想清闲一点,工资低点又接受不了。对于他们来说,最好的状态就是少干活多拿钱。可惜世界上真没有这么两全其美的事,真要有,大家一定趋之若鹜,还未必能轮到他。到那时,他们心理又该不平衡了:"好事怎么总是轮不到我?"

还有一些人对待工作是既想稳定,又想未来有大的发展,这样的工作也少有。因为大发展总是和机遇、冒险连在一起的,但冒险也不是他们想要的。因此什么样的工作他们都不会太满意。

所以,这些人要想让自己快乐、不烦恼,必须放弃凡事都想两全其美的想法,因为世界上真的没有这样的好果子吃。你必须学会满足于一种味道的果子,心里才会舒坦。

3. 多耕耘,不要总是惦念着收获

"为什么我这么努力地工作,升职却没有我?""为什么我煞费苦

心做的方案，客户却一口否决了？""为什么我付出了这么多，却没有得到好的结果？"职场中的很多人都有这样的失落。是的，谁不想一分耕耘就有一分收获呢？但世界上就是没有这么绝对的事。农民们辛辛苦苦一年的汗水，会被一场大雨给毁了，很多时候，耕耘和收获并不完全相等。

所以，不要总想着我付出了就一定要有好的回报，我努力了就一定有好的结果，而是要把注意力多放在努力耕耘上面，最好是"只问耕耘，不问收获！"这不仅仅是一种"阿Q精神"，更是因为：你只有不停地耕耘，才有可能有收获；你之所以还没有收获，是因为你耕耘得还不够！因此上司没有看到，因此没有得到客户的肯定。

不要总是惦念着收获，你才不会总是拿杆秤去衡量付出与得到之间谁多谁少。唯有如此，你才能坦然地面对工作中的一切得与失！你的情绪才不会在得失之间不停地摇摆和波动。

第三种实践

推销与消费的情绪管理技巧

> 销售员与消费者，这似乎是永远的"敌人"——要么销售员愤怒地指责消费者的不理解、不尊重，要么消费者气急败坏地和销售员起冲突、生闷气。无论身份是哪一种，其实我们都明白——这种负面情绪对任何人都没有好处。那么，我们该怎么办才能驱散坏情绪，做一个成熟的销售员和消费者呢？

◎ 让顾客顺心，你才能舒心

"这些顾客真烦人，怎么那么多问题啊，简直是十万个为什么。明明自己说得不对，还不承认。只要我反对他的意见，他马上就会变脸色。唉，伺候这些顾客真让人烦恼！"

面对顾客，你也有这样的抱怨吗？如果有，那只能证明你不是一个合格的经营者或推销员——你还没有摸透顾客的心理，所以才让自己产生了那么多烦恼。于是乎，你和消费者赌气；于是乎，你和消费者产生争执；于是乎，你的工作又砸了……

这一切，当然不是我们想要的！那么，我们如何做，才能在顾客的面前表现出心平气和之气呢？唯一的方法就是——让顾客顺心。

梁风经营了一家小店，卖电动车，但是他的生意一直不是很好。

梁风不明白，每次顾客买车他都是费心费力地讲解、推销，为什么顾客总是不满意呢？

这天，梁风又接待了一对夫妇，他们在众多的电动车面前看来看去，然后又问了梁风很多很"业余"的问题，很明显这两个人对电动车一窍不通。梁风耐心地跟他们讲解着每一款电动车的不同，然后给他们推荐其中一款。

女士说："这款电动车一点都不好，我有一个同事骑的就是这种。"

"你这样说，只能说明你们一点都不懂电动车。现在这种电动车式样最流行了，轻巧方便，座位很宽松，无论是骑的人还是后面坐的人，都会很舒服。"

这位女士又说："后面的座位离大人太远，小孩抱不住大人，很不安全。"

梁风急了："怎么会不安全呢？这个座位后面可以靠，前面可以扶，最安全了。"

"我觉得不安全。"这位女士还是坚持自己的意见。

"告诉你们，非常安全……"梁风继续搬出一大堆理由说服他们。最后，见客户依旧不同意自己的观点，他生气地说："没见过你们这样买东西的！不买算了，我还不卖了呢！"

梁风不是不知道，在客户面前表现坏情绪是最不好的事情，可是，他总是控制不住自己。于是，他请教了一位做生意很成功的朋友。这位朋友听了他的介绍之后告诉他：不要总在顾客面前做出一副专家的样子，这样顾客会觉得自己是傻瓜；也不要总是驳斥顾客的意见，哪怕他们的意见不专业；更不要强求顾客买他们不喜欢的东西。因为你这样做都会让顾客心里不舒服，应该顺着顾客的心思来推销。不管顾客说的是对还是错，都应该先肯定他们的意见。顾客顺心了，才会买你的东西。

有了朋友的建议，梁风进行了积极的尝试。结果他发现，效果果然好了很多。从这以后，他再也没有和顾客产生冲突，而是在平心静气中将生意越做越大。

梁风的故事告诉我们，不要一味地向顾客灌输你的观点，这样会使顾客产生逆反心理，认为你是在强迫他们。心理学中有种飞去来器效应，就是你越是用力将飞去来器抛出去，它越会飞向相反的方向。当顾客产生强烈的抵触情绪时，那么你的坏脾气自然骤然爆发，从而产生不可避免的恶果。

所以，想要在顾客面前控制情绪，就要调整心态，尽量顺从他们的说法。我们一定要正确、透彻理解"顾客是上帝，上帝永远是对的"这一理念。就是说：我们永远要把"对"让给顾客，让顾客顺心，这样他们才会心甘情愿地消费我们的产品，而我们才能开心。唯有如此，我们才能避免争执，才能够获得顾客的好感。

1. 先肯定顾客的意见，再说出自己的建议

当顾客对商品很不了解，问一些非常"外行"的问题时，我们千万不要直接否定顾客的意见，更不能嘲笑顾客"什么都不懂"。这样会让顾客觉得很没面子，自尊心很受打击，从而产生抵触情绪，不会购买你的商品。

有的人会认为：顾客不懂，我给他免费上一课，这有什么不对？这当然不对！顾客不是你的学生，不喜欢无缘无故被别人"上课"，这会让他们觉得自己很"无知"。这种感觉会让他们非常不舒服。

所以，我们的正确做法应该是：采取引导的方式，先肯定对方的意见，再委婉地表达出自己的建议。例如这样说："你说得对，看来你对这件商品是有了一定的了解了。但是如果这样是不是更好一些呢……"

先让顾客顺心，然后再将对方的思维引导到我们需要的路上来，这样，客户就不会觉得你高高在上，从而使彼此都能在一种愉快的气氛中进行交流。

2. 不在公共场合和顾客发生争执

有些时候，我们会碰到一些素质不高的顾客，他们会出言不逊，这个时候我们也很恼火，但我们也不能在大庭广众之下就和顾客吵起来，因为这会令双方的情绪更加激动、愈演愈烈。

这个时候，我们也应该做出某种程度的"顺从"，但这个顺从不是说要我们去肯定对方的所说所为是对的，而是要给顾客一个发泄的机会，等顾客安静下来之后，我们再选择一个合适的环境和顾客进行沟通，这样顾客就能够比较平和地接受我们的意见。

总之，只有让顾客或客户顺心了，彼此的交流和合作才能够顺利地进行下去，而作为经营者的心情也才能够舒畅。

◎ 学会承受与化解客户的刁难

对于客户，我们的态度总是谨小慎微的，因为客户是我们的衣食父母，千万不能得罪。所以，面对客户，我们总是有压力。特别是有些人，他们的工作就是天天与客户打交道，他们的薪水高低也有赖于客户是否愿意与他们合作，所以，客户给他们带来的压力更大。

客户为了得到我们更优质的服务或更加完美的工作方案，会不断地挑剔我们的工作，甚至会有意无意地"刁难"我们，而面对他们的刁难，我们常常觉得自己快要承受不了了。

苏秦在一家广告公司做业务员。最近，公司策划了一个活动，苏秦的工作就是要联系商家来参加这个活动。苏秦到这家公司不过才四五个月的时间,对业务并不是很熟,几乎没有什么老客户。但苏秦很勤奋,他每天都出去见客户,带着策划方案到客户那里给他们讲解。

有一个大客户,对这个活动表示出强烈的兴趣,但是对这个活动的细节提出了很多意见,例如,租借的场地档次不够高,展台不够大,宣传力度不够,费用太高等,说如果这些能够改善,他们倒是很愿意参加。

苏秦看到客户有参加的意愿非常高兴,立刻回公司向经理报告了此事。为了争取到这个大客户,经理和苏秦单独为其出了一份策划方案,完善活动细节,并在价格上给其一定的优惠。顶着大太阳,苏秦又跑了好几趟,反复向这位客户详细解释策划方案,最后,客户终于答应参加这个活动,但说最近自己公司的资金有点紧张,费用等一等再交。

没办法,苏秦只好等着。谁知道一等就是好几个星期,苏秦中间去催过几次,客户都是说没有多余的资金,再等等、再等等。客户没有交钱,苏秦的心就一直悬着。就这样,眼看就要到活动的那一天了,客户还是没有交钱。苏秦去找客户,告诉他们要赶快交钱,不然展位要留给其他商家了。这时,这个客户才说,他们考虑再三,觉得这个活动不太适合他们公司,他们不参加了。

听到客户的这个回答,苏秦的心里别提多难受了,两个多月来,为了这个单子,他不知跑了多少趟,说了多少话,可没想到最终是这样的结果。

从客户的公司出来,苏秦站在热辣辣的太阳下面,心里却拔凉拔凉的:"你要不参加这个活动,可以早说啊,为什么要这样耍我啊?"苏秦一边想,一边流下了眼泪。

苏秦的遭遇很多业务员都曾经遇到过，所以苏秦的心情我们都能体会。面对客户的挑剔、刁难甚至戏耍，我们会觉得郁闷、伤心和难过，甚至会承受不了。在这种情况下，会严重打击我们的自信心，影响我们的情绪，使我们无法再平静地工作下去。

那么，我们该怎么办呢？我们要怎样做才能承受客户带给我们的压力，才能化解客户带给我们的负面情绪。或许我们可以从不同的角度来解读这些问题：

1. 客户的挑剔让我们变得完美，所以我们应该平和地去接受

在与客户打交道的过程中，客户的挑剔是我们经常遇到的，经常让我们备感压力、几欲崩溃。但我们有没有想过：如果不是客户的挑剔，我们的策划方案怎么可以修改得这么完善；如果不是客户的挑剔，我们对细节的把握怎么可以这么到位；如果不是客户的挑剔，我们的工作能力怎么可以提升得这么快。

当你想到了这里，你会发现：这一切的进步确实都是拜客户的挑剔所赐。客户的挑剔使我们的工作越来越完美，致使以后的客户挑剔我们的机会少了，因此与以后的客户成功合作的机会就多了。

这难道不是客户的挑剔给我们带来的收益吗？而且这样的收益可能是源源不断的。因此，面对客户的刁难，我们不要那样难以理解和接受，应该抱着更加平和的心态去接受。

2. 开始就做好最坏的打算，就可以避免以后的失落

当我们对某个客户倾注了很多心血，最后却付诸东流时，我们不免伤心难过。其实不必如此，因为，不管做什么事情，我们都只能控制过程，而无法控制结果；只能控制自己，而无法控制他人。只要尽力了就好，对我们无法控制的事情伤心难过没有任何用处。

所以我们在面对每一个客户时，都要给自己打个预防针：这件事我要尽最大的努力去做，但结果怎么样自己也不能肯定，可能很好，也可能很坏，我要做好这样的心理准备。

当你有了足够的心理准备后，你就不会再因为客户产生较大的压力和负面情绪了。

◎ 在客户面前控制好情绪

面对客户的刁难，要学会承受与化解，但有些员工非但无法承受客户的刁难，他们还会和客户产生冲突，甚至在客户面前趾高气扬、高高在上，甚至乱发脾气。试想，这样的员工能得到客户的喜欢吗？能谈成生意拿到订单吗？自然是不能的。

如果客户无意间得罪了你，你就不加掩饰地乱嚷乱叫，客户对你还会有好印象吗？当客户满足了你的一个要求时，你就兴奋得手舞足蹈，对方同样也不会对你有什么好印象。这样的你在客户的眼里就是幼稚、缺乏涵养、没有自制力。

冯远是一家公司的业务员，最近他刚刚和一个公司谈成了一个大单子，因此觉得特别得意。这一天，他去和该公司的主管正式签合同，他自以为稳操胜券，几乎连坐都不坐，也没有心思去更多地解释自己的业务，只是催促客户赶快签字盖章，同时不断地夸自己多能干、谈成了多少大单子。

但没想到这位公司主管却犹豫起来，说他们再考虑考虑，这可让冯远傻眼了。他立即质问对方："明明谈好了的事情，为什么要变卦？"

对方说："在没签合同之前，我有权利反悔。"

冯远恼怒地说："说话不算话，还当什么主管。"

这句话让这位主管很生气,他说:"我有没有资格当主管,应该由我的上司来评价,不用你来告诉我。现在,你走吧,以后我们可能也没有合作的机会了。"

就这样,冯远彻底失去了这个大客户。

因为不懂得在客户面前控制自己的情绪,冯远失去了拿下订单的机会。

在和客户的接触中,总会有产生摩擦的时候,这时需要的是在客户面前控制好自己的情绪,给事情有转圜的机会,而不是在客户面前乱发脾气,把彼此的合作机会彻底破坏掉。

在和客户谈判业务的过程中,遭到对方的拒绝是很正常的,一次拒绝并不代表就没机会了,但如果因此就不冷静,失去理智,冷言冷语教训客户,只能是让事情迅速走向最坏的地步。

在和客户发生冲突时,你更应该做的是反省自己的言行,而不是在客户面前发泄你的情绪。你要知道,在这个时候,你是有求于他,虽然不至于卑躬屈膝,但也绝不能趾高气扬。

也许这样的修炼还需要很长一段时间,但你必须尝试去做。心理承受能力太差,控制情绪的能力太差,是无法很好地与客户打交道的,更别提成就大事业了。

歌德曾经说过:"只有两条路可以通向远大的目标,得以实现伟大的事业——力量和坚忍。"因此,在客户面前有一定的忍耐力和良好的情绪控制力,才能取得事业的成功。

那么,在客户面前,我们怎样做才能在最快的时间控制好自己的情绪呢?不妨试试下面这两条方法:

1. 立刻走到一边去

当和客户有了摩擦冲突时,你忍不住想发火时,赶快立刻离开这个坏情绪的源头,走到一边去,冷静一会儿,反思一会儿,想想:

"我和客户为什么会发生冲突，现在怎么办？"如果你一时气愤难平，那么不妨先回去，改天再来解决问题。这样就可以很好地避免在客户面前发脾气，也让你的情绪在这一刻平缓下来。

2. 把注意力转向身边的其他人

在和客户发生意见分歧时，彼此争论没有结果，情绪都比较激动时，不妨把注意力转向彼此身边的人，问他们说："你们说说这件事该怎么解决，我们俩谁对谁错？"千万不要把矛头一直对着和你起冲突的这个客户，让气氛稍微缓和一下，然后再来谈，效果就会好一些。

◎ 自尊心别太强，才不会在客户面前情绪失控

自尊心谁都有，没有自尊心我们无法理直气壮地、有尊严地生活。但是过强的自尊心会让我们容易和他人产生摩擦，尤其是在客户面时，过强的自尊心更是要不得。否则，只会导致一个结局：你的情绪无法受到控制，从而做出一些极端的行为来。

乔梁在某公司任业务员。有一次他去推销本公司的产品，要拜访的是一位女客户。在路上他心想："女客户应该好说话一点。"可令他没想到的是，这位女士一口回绝了他："我们不需要你们的产品，请你走吧，不要妨碍我们的工作。"

这是个大客户，乔梁可不能就这样放弃。于是他说："需不需要再说，你可以听我介绍介绍，了解后再决定。"

这位女客户极不耐烦地说："我们真的不需要，你不要在这里烦

人了好不好。"说完，连头也不抬，只顾低头整理资料再也不理乔梁。

这下，乔梁觉得受不了了，一口气往上涌，他大声地、狠狠地对这位女客户说："有什么了不起，爱买不买，我还求你不成。"说完头也不回地走了。

过后，主管让乔梁再去拜访这位女客户，乔梁说："我不去，我不会再去求她，一看到她那种态度我就受不了，我就想和她吵。"

乔梁在和客户打交道时，为什么那么容易发火？是因为乔梁过强的自尊心。在他看来，自己应当和客户的地位是完全相同的，怎么能够总被对方牵着鼻子走？所以，他自然不能"低下头来"，不够有耐心，不能在客户面前控制好自己的情绪。

乔梁这样的销售员，现实中还少吗？很多销售员的脸皮"太薄"、自尊心过强，很难承受客户的拒绝和冷言冷语，因此总是控制不住自己的情绪，从而与客户产生诸多矛盾。不可否认，每个人都有自尊心，但自尊心应该成为我们前进的动力，而不是情绪失控的因子、人生道路的阻碍。如果因为客户一点刁难，就变得"歇斯底里"，那么我们如何在职场取得成就？

对于客户不好的态度，我们应该有正确的看法：他们也许当时情绪不好，也许是在忙，也许是真的不需要我们的产品。他们的拒绝并不是针对我们，更不是看轻我们、侮辱我们，因此我们不必觉得颜面受损、受到了侮辱，更不应该情绪失控，和客户发生争吵。而是应该做到以下两点：

1. 摒弃清高的心态

在和客户打交道时，自视清高会让你的日子很难过。因为客户的拒绝不是一次两次的，冷言冷语也是经常会碰到的，自视清高会让你始终放不下姿态，不能用一种比较平和的心态来面对客户，会让你很容易有受挫的心理，由此产生很多坏情绪。

因此，想要使自己的工作顺利开展、在客户面前控制好自己的情绪，就要摒弃自己过于清高的心态，要学会开解自己："他不要就不要，我不必过于在乎他的态度，也犯不着跟他生气，我还有其他的客户。"要学会化解和承受客户带给你的一切，别拿自己的情绪和对方的态度较劲。

2. 让自尊心成为激励你的动力

与其觉得自尊心受损、在客户面前发脾气，不如转移目标，让自尊心成为激励你的动力。例如你可以这么想："你越这样对我，我越不能跟你生气。因为我的目标是卖出去我的产品，不是来这里发脾气的。我要更加努力工作，取得成就，才不会白受这些委屈。"

这样想，就让你一时受到伤害的自尊心转了一个弯，有了另外一个更好的去处。不仅不会让你在客户面前情绪失控，还会对你的人生有积极的作用。

当然，别太在乎自尊心，并不是说就要丢弃尊严。自尊要有，但请适度——不卑不亢、不卑躬屈膝、不失态，这样，你就能带着一种非常良好的情绪状态来与客户沟通和交流。

◎ 妥善表达坏情绪

你遭受过这样的"礼遇"吗？去买东西，却被服务员气走；你有过这样的经历吗？"高高兴兴购物来，气鼓鼓地回家去。"其实你不必太生气，因为这不是你一个人的遭遇。

"花钱还受气"这令人沮丧的感受，几乎没有人幸免过。但是，受了气，你要学会表达，学会在1分钟内转化自己不好的情绪，不能像下面这位朋友一样憋着、忍着。

小丽正在和朋友讲她的购物经历:"你说我怎么这么倒霉啊,每次都花钱受气。有一次我去买洗面奶,我打开一瓶洗面奶一闻,一股巨浓无比的香精味迎面扑来。我对服务员说,这种洗面奶香精太多我不要。"

结果,服务员用鄙夷的眼神看着小丽,用特别笃定的语气告诉她:"我们的产品绝对不含香精,这个是中草药的味道。"

这时候,小丽不满意了:"我的鼻子可是经过专业训练的,怎么可能闻不出香精的味道呢。"

于是小丽打开产品说明书,果然,成分里赫然写着香精两个字。她指给服务员看,服务员立刻说:"含香精很正常嘛,护肤品大多都含这个。"

听完营业员的这句话,小丽自然是气得火冒三丈。可是懦弱的她却什么都没有说,憋着一肚子气回家了。

还有一次,小丽去买眼镜,因为不想花太多钱,就先买了一副比较便宜的镜架,然后到一家高档眼镜店去配镜片。配的时候好几个店员围着她,七嘴八舌地说她这个镜架如何劣质、如何垃圾,根本就配不上他们的镜片。

小丽一听就生气了,心想:"镜架再不好也是我花钱买的,你尊重下我的感受好不好?你们这样是在嘲笑我寒酸吗?"

可是,小丽还是不敢跟他们吵,还默默忍着"内伤"买了他们的镜片。没办法,谁让人家的镜片质量好呢?她说:"我真是花钱买气受啊!"

小丽的经历非常让人同情,但是小丽的做法却并不令人称道,为什么?小丽第一次受了气时,没有向对方表达她的情绪;第二次受了气时,仍然没向对方表达,而且还忍着气买了对方的商品。

如此忍气吞声的消费者怎会不受到经营者的欺负呢?如此忍气吞声怎会有利于自己的情绪在1分钟内得到转化呢?有了情绪就要表达,花钱受气更要向经营者发泄你的不满。你若不表达没人给你发"好脾气"的勋章。

如果你说:"算了,多一事不如少一事,我就受点委屈吧。"那么,你的情绪在这一刻就得不到转化,你这一天的心情都不会好。甚至会像故事中的小丽那样,以后想起来仍然让你耿耿于怀。

那么,会有人接着说:"对,我们不能忍气吞声,我们要和他们'理论',向他们表达我们强烈的不满,和他们吵、和他们闹!"

如果你用这种方式来表达你的不满,那就过犹不及了,就会激起双方很大的冲突。向对方表达情绪,也要给对方一个台阶下,这样才有利于自己情绪的转化。

具体如何表达才能更有效地缓解自己不好的情绪,可以参考以下两条建议:

1. 用严厉不失温和的态度向对方表达不满

向经营者表达自己不满的情绪,要让对方感到你很生气,你对他们很不满意,要表现出你的严厉态度,同时也要让他知道你是在和他讲道理,不是要搅局。这样,他也就愿意改变他的态度。

小琴有一次和几个朋友去吃饭,客人非常多。叫了半天不见一个服务员来,后来终于来了一个拉着脸的,问什么她都说"我不知道,要问厨房"。点菜时小琴和朋友刚犹豫了一会儿,她就冷冷地说:"你们想好了再叫我!"然后转身就走了!

这个服务员的气场实在太强大了,当时就把小琴和朋友给镇住了,愣了半天没说话。过了很长一段时间她才来,大家赶紧点了菜。10分钟后上了第一道菜,之后很长时间都不见菜上来。小琴大声叫服务员没人理，于是走到给点菜的服务员面前问她为什么还不上菜，这个服务员依旧是面无表情地说："你没看到这么多客人吗？慢慢等吧！"

这时小琴终于忍不住了，厉声质问道："你说话怎么这样啊，我是来花钱享受服务的，可不是来受气的！"

小琴的质问声得到了其他顾客的响应，他们纷纷喊道："对，我们是来吃饭的不是来受气的。菜上得慢也就算了，服务态度还这么不好，以后谁还敢来你这儿吃饭？"

众多客人的不满让这位服务员的态度软了下来，她连忙对小琴道歉说："对不起，对不起，我太忙了，所以说话口气不太好，别介意，我马上去厨房催一催。"

听到服务员这么说，小琴的气消了一大半。

像小琴这样表达情绪的方法，就很容易被对方接受。在经营者里面，也有一些人是"欺软怕硬"的，你要理直气壮地捍卫自己作为消费者的权利，对方才能更尊重你的感受。

2. 直接找经理或老板表达不满

想尽快解决问题，表达你的不满情绪，不如直接找经理或老板表达："你们这里的服务态度太差了，你若这样做生意，客人都被你们得罪光了。"作为经营者和管理者，他们的素质当然更高些，也更在乎自己的生意。一定能更好地安抚你的情绪，解决你的问题。

◎ 买了令自己后悔的东西，要学会处理自己的坏情绪

您家里是否有一些东西，被您扔在一旁，闲置不用？女性朋友的衣橱里，是否展览着好几件买回来就不曾穿过的衣服？为什么这些东西会被我们冷落呢？因为我们对这些商品不满意，买回来就后悔不迭，以后每次看到心里都别扭。尤其是一些贵重的东西还会招致家人的埋怨："花了这么多钱，就买个这回来？你会不会买东西？"

受到这种质问，我们心里可太难受了。

到夏天了，小林想给家里买个空调，可妻子说："家里钱不太宽裕，今年算了，明年再买吧，忍一忍就过去了。"

小林说："我看看吧，看看有没有便宜一点的，没有空调太受罪了。"

这以后，小林就到各大家电商场转悠，希望能买个物美价廉的空调。可看来看去，适合他家的空调都在2000元以上，小林觉得太贵了。

这天上班，他听到同事说刚刚买了一个二手电脑，他灵机一动："我为什么不能买个二手空调呢？"

于是，他马上到二手家电市场去看，二手空调果然便宜，他看中了一台，才1200元。他立刻回家和妻子商量，妻子则很顾虑："二手的？质量能保证吗？"

"质量肯定不如全新的，但我们要求也不高，只要能制冷就行了，用个两三年，再换个好的。"听小林这么说，妻子答应了。

于是他们家终于享受到空调了，刚开始妻子和他都非常满意。可一星期后，空调开始滴水，像下小雨一样，滴个没完。他连忙给

商家打电话，商家态度还算好，过来修好了。但没过几天，空调又不制冷了，妻子不免埋怨他："瞧，你买这空调，三天两头有毛病。"他又找商家来修，商家修过之后，制冷效果还是不太好，商家说："这是二手空调，又不是名牌，制冷效果就是这样。"

但是在这之后，空调的制冷效果每况愈下，基本上和吹电风扇差不多。再找商家来修，他们开始找理由推辞了，说二手空调就是这样，再修还是这样。

这让小林非常郁闷，心想，1200元买个这样的空调，还不如几百块钱买个好风扇。妻子也时不时地抱怨他："早就说过不让你买，你偏要买。现在好了，这1200元花得可真冤枉。"

听到妻子的唠叨，小林更难受了，可是他又不能把这空调扔了。但是，每次看见空调，心里就不舒服。

因为买到了不好的商品，小林非常后悔，生了不少闷气。其实，我们每个人都会买到令自己后悔的东西，具体有哪些呢？第一，次品；第二，东西太贵，觉得买的东西不值这么多钱；第三，期望值太高，心理上觉得东西不够好。以上三种状况都会造成我们心理上的各种情绪：后悔，我不该买这个东西；烦躁，怎么办呢？东西又退不了；纠结，钱没了，换回来是自己不喜欢的东西；抱怨，商家怎么可以这么忽悠人呢？

但是，东西已经买回来了，心情再不好也于事无补，不如多想想这件事情积极的一面："吃一堑，长一智"，就当这次买了个教训。这样想心理就好受多了。虽然失去了金钱，但以后不再犯同样的错，那么这次花的钱还是值得的。

那么，我们怎样才能避免自己不再犯同样的错？怎样做才能令自己的情绪好一点呢？看看下面几点：

1. 购物莫冲动

冲动,这是买到不好的商品的最大原因。看看某些人冲动的心态:商场打折时,趋之若鹜,生怕"过了这村就没这店了";逛街时,看到一些可用可不用的东西,心想又花不了多少钱,就买一个吧;本来不想买的,架不住营业员一再推荐;在商店灯光的照射下,看着很漂亮,一冲动就买了,也没有仔细考虑质量好不好。买回去才发现,这些东西不是质量不好,就是自己不是很喜欢、很需要,于是开始后悔不该买。

其实,这一切都是冲动惹的祸。在购物时,如果能多一些理智、多一些自己的分析和考量,多听听身边亲朋的意见,就会避免买到不好的东西。一定要记住这些购物法则:便宜没好货;商家永远比你聪明;货比三家;商家越忽悠,你要越慎重。记住这些购物法则,你就可以很好地避免冲动。

有些不是急需的东西,可以隔几天再来买,也许那时你再看这件商品,觉得没那么好了,于是就不买了。这样就可以在很大程度上避免买到令自己后悔的东西。

2. 把不好的东西送人

东西不喜欢,自己也不想使用,天天放在家里闲置,自己看见了还心情不好,既然这样,不如把这个东西送人,眼不见心不烦。如果东西刚好他人喜欢,也算没有浪费。把自己不喜欢的商品送给别人,这是让你的负面情绪得到缓解的快速方法。

3. 自己加工一下

有些东西经过自己的维修、加工,也可以变成喜欢的。例如,买了不好的电脑,自己重新配置一下;买了不好看的衣服,自己修改一下。当你看到本来不喜欢的商品经过自己的加工后变了一个模样,你会惊叹自己的动手能力,并发现了这件商品新的利用价值,你会因此非常开心的。

◎ 比较出来的"选择恐惧症"

你会对着两件衣服，反复地试来试去、看来看去，不知道该买哪一件吗？你会看着超市里琳琅满目的商品，走来走去，挑来选去，不知道该买什么送给别人当礼物吗？你会因此恐惧购物，恐惧挑选，一进商场就想晕吗？那么我告诉你，你得了"选择恐惧症"。

"选择恐惧症"，也称作选择困难症。有这种病症的人面对多种商品选择时会异常艰难，无法正常做出令自己满意的选择，在几个商品中必须作出决定时感到烦躁、恐慌，一旦面临选择就会感到恐惧。

"选择恐惧症"产生的原因跟可供选择的商品太丰富有很大的关系，种类众多，差异太小，不同品牌营业员的强烈推荐，都从精神上折磨着我们的选择。

晓月和朋友一块去逛街，一到商场她就蒙了，衣服真多啊，好像每件都挺好看的，真不知道该买哪件。于是她对自己说："不急不急，慢慢看，多选几件对比一下。"

于是，她和朋友花了将近三小时的时间把这个商场楼上楼下全部逛完了，逛得两个人是又累又渴，腿都快要抬不起来了，不过好在终于在一家店中选了两件。晓月拿着这两件衣服看了又看，摸了又摸，试过之后发愁不知道该买哪一件。

晓月于是问朋友的意见，朋友给了她意见，她还是下不了决心。于是又让店里的导购员介绍一下这两件衣服有什么不同，导购把两件衣服所有的优缺点都说了一遍，又给了晓月很多建议，嘴皮子都快磨破了，晓月还是不知道该选哪一件。

于是，她又把两件衣服穿起来，不停地试，不停地照镜子，导购员都没耐心了，坐在那儿一声不吭，她的朋友都快睡着了，可她还没想好要哪一件。最后朋友急了，催她快点，她恼怒地把衣服一扔："算了，不买了，烦死了。"

就这样，浪费了半天的时间，晓月也没买到衣服。以后，谁再找她逛街买衣服，她都不耐烦地说："不去不去，看见那么多衣服头就疼。"

晓月的"选择恐惧症"应该在很多人身上都出现过，有些人即便是在烦躁之下选了一件，过后还是会后悔。他们总是觉得自己当初的选择是错误的，现在的这个怎么看都没原来放弃的那一个好。所以，在以后遇到选择的时候，他们就更加谨慎小心，因此选择就变得更加艰难。

在选择商品时，适度的紧张本来是好的，可以让我们避免买到后悔的商品，但若变为过度的紧张，就会给人造成一种压力，让我们不知道该如何选择。

还有一些朋友在选择商品时喜欢求助网络，在一些论坛上，"选择疑问式"的求助帖遍布：滚筒式冰箱好还是波轮式冰箱好？海尔的好还是格力的好？他们想："哪种意见占大多数，我就按哪种去做。"结果答案经常是五花八门，同样的品牌和商品有人褒有人贬，更让他们无法选择、烦恼不堪。

这些朋友究竟该如何消除自己这种不好的情绪，治愈自己的"选择恐惧症"？其实，只需调整自己的两种心态：

1. 剔除完美心理

凡是有"选择恐惧症"的人，都是极度追求完美的人，而且是极度苛刻、挑剔的人——他们要求自己的选择是最大限度的理想化的选择，不容许自己选择的商品有瑕疵。而且这种人往往选不选都烦恼，选择时他们纠结不堪，选择之后，他们永远后悔。可以说，这些人也属于强迫症人群。

那么就必须剔除自己这种完美心理，才能消除自己的"选择恐惧症"。要转变一下想法，一件商品不可能每一个功能都具备，也不可能在每一方面都很好，物美又价廉这种两全其美的事情也是少有的。要学会退而求其次，这次"先买这一件，以后有机会再买那一件"。烦恼不就解决了吗？

2. 让自己变得有主见

人若没主见，在选择时必定会不知所措。所以，在选择商品时，要训练自己变得有主见。在买东西之前，先在家里想好：我想花多少钱买？我更倾向于质量，还是倾向于外观？买来主要是做什么用的？先把这些问题想好，心里就有谱了。

例如，你去超市买牛奶，牛奶的品牌种类太多了，买之前，你心里就打定主意了：给老人喝的，中档价位的。那么到了超市，稍微看一看，就可以轻易地选择一箱牛奶，根本不可能在众多牛奶面前徘徊、纠结半天。

只要调整好了这两种心态，相信你的"选择恐惧症"会很快就消失了。

◎ 消费环境好，心情也会好一些

坐在江边的咖啡馆里喝茶，你的心情一定会非常惬意；到一个宽敞明亮的餐厅里吃饭，你的情绪一定会非常舒畅。反之，到一个脏兮兮的小餐馆里吃饭，你一定难以下咽；在路边买衣服，你很可能会被摊主呵斥:"要买快买,不买不要摸!"

　　瞧,在不同的环境消费,我们的情绪有明显的不同。其实,消费购物时,我们同时购买的还有现场的环境条件。宽敞明亮、色彩柔和、美观典雅、气氛祥和,这样的环境会让我们的情绪变得愉快、舒畅,使我们更愿意在这里消费,在这里多逛一会儿、多坐一会儿。

　　中午,小陈和朋友一起去吃饭,由于肚子很饿,他们就随便找了一家饭馆。饭馆面积不大,却摆了将近10张桌子。屋里很灰暗,今天是阴天,老板也不舍得把灯打开。他们找了一张桌子坐下来,桌子上和脚下都是脏兮兮的。

　　小陈叫服务员收拾桌子,服务员过来随便抹了两下桌子,竟然把桌子上的垃圾都带到了他的身上,小陈生气地说:"你不能慢点啊?"服务员好像没听见一样转身就走。

　　小陈连忙叫她:"你把桌子下面打扫一下再走啊。"服务员头也不回。

　　小陈不禁摇了摇头,说道:"这什么饭馆啊?如果不是肚子饿了,绝对不会来这儿吃。"

　　小陈让朋友先点菜,他去洗手间,可是他刚走到洗手间附近,就一下子摔在地上。这一下可摔得不轻,小陈坐那儿半天没起来。旁边服务员跑来跑去,也没人拉他一下,像是没看见地上有个人一样。

　　小陈终于爬了起来,拉起朋友就走:"走!不在这儿吃了,饭没吃到嘴里,好心情全没了。"

　　这次,他们挑了一个环境相当好的地方:古典式的装修、窗明几净、柔和的灯光、轻柔的音乐、穿着干净制服的服务员,尤其是他们的服务态度特别好,他们看到小陈的裤子上有污渍,马上拿来了纸巾让小陈擦掉。

　　小陈坐在这样的环境里,吃着饭,和朋友聊着天,情绪变得好多了。酒足饭饱之后,小陈和朋友仍然舍不得离开这里,他们喝着茶,听着音乐，欣赏着墙上美丽的图画，静静地享受着这惬意的时刻。

从脏兮兮的小饭馆到装修雅致的饭店，小陈的心情可谓天壤之别，由此可见环境对人的情绪的影响举足轻重。每个人都向往美好的东西，而环境美是我们触目所及的。人们生活在山清水秀、风景优美的自然环境中，就会有"心旷神怡，荣辱皆望"的感受，而在美的环境中消费，会有同样的作用。

而不干净的、嘈杂的环境，却会使人的情绪不安、精神异常。这是因为情绪活动不仅仅是一种心理反应，也是一种生理活动，适合的环境，人的心理和生理都会产生舒适的条件反射，情绪也往往是积极的。

那么什么样的环境才是好环境呢？才会让我们的情绪更舒服呢？应该符合以下几点：

1. 干净的环境

人在污浊的环境中，不仅容易产生厌恶、恶心的感觉，还会使人情绪烦躁不安，容易激动，以至举止粗暴。因此，我们在消费时，不管是购物还是就餐，首先应该选择干净卫生的环境。尤其是带着小孩去消费，更要到干净卫生的地方去。在干净卫生的地方，不管我们摸到哪里，坐到哪里，都不会觉得不舒服。

2. 安静的环境

安静也是好环境的因素之一，试想，如果你和你的朋友想边消费边聊天，在一个嘈杂的环境是难以实现的。如果是去买书，那就更需要安静的环境——静静地翻阅、静静地选择。所以，找一个安静的环境消费，也会让你的情绪非常舒服。

3. 优美的环境

装修雅致、色彩和谐、灯光柔和、音乐优美，这样的环境会让你流连忘返，消费的每一刻都是享受，在这样的环境里消费，花钱也花得舒心。

4. 温度适宜的环境

好的环境当然少不了适宜的温度。想想看，在一个饭馆里吃饭，热得大汗淋漓，您会觉得心情好吗？在一个服装店买衣服，热得衣服都粘在身上，您还有心情试衣服吗？所以，适宜的温度也会让我们拥有好的情绪。

聚餐、逛街购物等消费活动是我们调节情绪的好方法，因此我们必须选择一个环境好的地方来消费，这会让我们的整个消费过程都是愉快的，也更利于转化自己的情绪。

◎ 对经营者的小错误不必耿耿于怀

犯错，谁都不希望。可是，谁没犯过错？经营者把我们当作他们的上帝，可是他们却只是凡人。

忙、累的时候他们会犯错，情绪不好的时候他们会犯错，而作为上帝的我们揪住他们一点无心的错大发雷霆、大做文章，合适吗？对经营者的小错误耿耿于怀，对我们的身心健康有利吗？答案当然是否定的。因此，面对经营者的错误，不妨得饶人处且饶人。原谅经营者的错误，也是为了让自己有个好心情。

梁先生和同事到南方出差，下榻一家五星级酒店。这一天，他们来到酒店的餐厅吃饭，点了三菜一汤，并特别交代汤里不要放香菜，因为他和同事都不喜欢吃香菜。服务员答应后离开了。

很快，菜上来了，服务员的服务态度非常好，绝对是五星级的服务水准。不但热心地为他们介绍菜式、更换碗碟，还和他们寒暄聊天，他们就餐的心情非常愉快。最后，他们要的汤上来了。

汤刚一上桌，梁先生的脸立刻沉了下来，厉声问服务员："不是告诉过你，不要放香菜吗？"

"啊？"服务员紧张地说，"对不起，对不起，我忘记了，我马上帮你把香菜挑出来。"

"挑出来？香菜这么小，你挑得干净吗？"梁先生的声音高起来。

"这……"服务员一时语塞，但很快就说："我再给您重做一份。"

"重做？重做我不岂不是还要等？你知不知道我的时间有多宝贵？多等1分钟我都等不了。"梁先生的情绪越来越激动，一拍桌子站了起来，眼睛瞪着服务员，表情非常吓人。

服务员的脸色也变得异常难看。这时，餐厅经理走了过来，了解了事情的原委后说："这样吧，梁先生。如果您能等一等，只需要5分钟的时间，我们就可以为您重做一份；如果您不能等，我们就送两位两杯咖啡或两杯果汁。不管您选择哪一种，本次消费我们都会为您免单。"

梁先生听到经理这么说，没有吭声，只是坐了下来。这时，同事连忙劝他："算了，他们够有诚意了，服务态度又这么好，服务员的一点小错，你就不要放在心上了，她也不是有意的。你看，她都快被你吓哭了。"

在同事的劝说下，梁先生终于接受了酒店经理和服务员的道歉，情绪也平复下来。

服务员一个小小的错误，却让梁先生大动肝火，确实有点小题大做。其实，梁先生在整个消费的过程中，得到的服务都是优质的。即便是对方犯了一丁点儿小错，也在最快的时间给了梁先生一个非常完善的解决方案。所以，梁先生应该为自己所受到的待遇高兴，而不是动怒。如果这点小错就大发雷霆，那么梁先生的情绪岂不是天天处于紧张状态。

在某种程度上说，经营者和我们是敌对的一方，因为他们的目的是赚我们的钱，但我们总不想让他们舒舒服服赚我们的钱，于是我们就会难为他们，跟他们较劲，把彼此的关系弄得很紧张，结果让双方的情绪都很糟糕。

所以，原谅经营者的错误，是为了让自己享受和谐的消费氛围，让自己的情绪能在1分钟内得到转化，做一个快乐的消费者。那么要怎么做？才能让自己做一个快乐的消费者呢？看看下面两条方法：

1. 把经营者当作自己的朋友

我们可以尝试把经营者当作自己的朋友，不要把彼此的关系弄得剑拔弩张。要明白，经营者就是为了赚我们的钱，只要他们能让我们高高兴兴地把钱掏出来，并提供给我们大致相当的服务，我们就要开开心心地享受他们的服务。

所以，在购物的过程中，我们可以和对方聊聊天，唠唠家常，这也有助于经营者更了解我们，给我们提供更优质的服务。和经营者之间的关系拉近了，也就容易原谅他们服务上偶尔的小瑕疵，自己在购物的过程中也会感到更快乐。

2. 体谅他们的难处

我们在某个场所消费时，面对经营者的小错误，有时会这样说：

"算了，他们这么忙，忽略我们一会儿没什么。"

"你看，顾客这么多，他们能把菜做出来就不错了，我们就不要那么挑剔味道了。"

能这样说的人，都是很善于体谅经营者难处的人。想一想我们在工作时，紧张忙乱时，也会出错，也很希望得到对方的原谅。所以，将心比心，对经营者的错误也就不会那么耿耿于怀了。

◎ 购物时间过长，只会让你的情绪更糟

逛街购物，这本来是我们转换情绪、放松压力的好方式，但很多人却因逛街购物弄得自己更累。为什么会这样呢？因为他们购物的时间太长。从早上逛到晚上还不够，回家还要在网上拼命搜索。这种长时间的购物弄得自己身体累、眼睛累、心累，因此不免发脾气。

劳累了一个星期，小泉准备去逛逛街，放松一下心情，顺便买双鞋。她来到商场，怎么这么多人啊，黑压压的一看就让人压抑、烦躁。由于人太多，她走路都走不快，逛完一圈，两小时就过去了。小泉心里想："逛街可真耽误时间啊。"

不但逛得心情烦躁，而且还没选到要买的鞋。这里的鞋子款式倒是可以，价格也比较便宜，但就是质量不行，她想了半天还是决定不在这里买。

然后，她又来到一家综合商场，这里也有卖鞋的，都是专卖店，式样新潮一点。她一圈一圈地仔细看，终于选中了几双，但一看价格，都贵得很，几乎要花掉她半个月的工资。她站在那里纠结了半天，便宜的质量不好，质量好价格太贵。怎么办？她纠结了半天，也做不了决定。

但是这会儿她已经是饥肠辘辘，脚疼腿麻，只想赶快找个地方休息一下。她想找个地方吃饭，补充点能量，休息一会儿。谁知道找了几家饭馆，都人满为患，她心里更烦躁了："星期天不在家休息，都跑出来干吗？"

没办法她只好回家。吃过中饭,她打开电脑,准备在网上淘一淘。网上的款式多,价格又便宜,一定能买到合适的。

她先按价格搜索一遍,又按销量搜索了一遍,最后又按信用搜索一遍,终于锁定了几双,又反复看评论,选尺码,只看得她头晕眼花,腰酸背痛,心情更加烦躁,最后终于选定一双付了款。

这一天折腾下来,把小青累得够呛,心情没有得到放松,反倒觉得更烦躁、更累。她心里想:"以后可不能这么长时间购物了,太累了。"

购物,本来是放松心情,购买自己需要的商品,但长时间的购物却成了体罚和心情的折磨。我们的情绪需要调节,但若过度用同一种方式,就失去了原有的效果。现代都市地方狭窄,人们可利用的休闲空间比较少,一到周末就涌向商场购物,在拥挤的人群中挤来挤去,心情难免烦躁。众多的商品比较来比较去,也会让人纠结。这一切都会让人觉得购物是件让人很疲惫的事情。

所以,尽量避免超长时间的购物,尽量在最短的时间里购买到自己所需的商品。如果主要是为了散心去逛街,其次才是购物的话,就避开那些人满为患的地方,这样也会让自己的心情舒服点。

如果不想因逛街购物弄得自己太累的话,就需要注意以下两点:

1. 逛街之前先想好自己究竟需要什么样的商品

出门之前先想好我需要什么样的商品。什么价位的?什么档次的?什么风格的?应该去哪个商场能马上买到我所需要的商品?然后就直奔那个商场去,在最快的时间买到商品,而不是像个无头苍蝇一样,这里看看,那里看看,跑了很多地方,也没买到自己所需要的东西,反而弄得自己很累。

还要想想哪个地方购物环境好,方便自己在累的时候找个地方坐一坐,休息一下,吃点东西,这些都可以避免自己因购物而疲累,也可以让自己烦躁的心情在片刻之间得到缓解。

2. 一旦买不到合适的就尽快回家

如果我们逛了半天，实在买不到合适的，就不要恋战，赶快回家。有些朋友喜欢在这个时候和自己较劲："今天好不容易出来了，不能白来一趟，一定要买到自己满意的东西再回去。"最后如果仍然没买到，他们更加纠结："烦死了，浪费了一天的时间，也没买到东西。"

这样的购物方式、纠结情绪千万要不得。一旦逛了一阵觉得今天有可能买不到自己合适的东西，就不要再逛了，立刻回家。只要不是急需的，完全可以以后再买。只有这样，你才不会觉得购物是一种负担，才不会因为购物产生负面情绪。

◎ 拒绝令你不舒服的服务

经营者的冷言冷语、爱答不理让我们气愤难平，强制推销让我们不知该拒绝还是接受，就连有时候的过于热情也会让人不舒服。看看下面这位朋友的故事：

李慧到商场购物，她一个人悠闲地浏览着商品，突然发觉后面老跟着一个人，她扭头一看，是店里的营业员，亦步亦趋地跟着她。李慧对她说："你不要这么紧跟着我。"

营业员说："这样我可以随时为您提供服务。"

"不用这样，我需要什么东西会叫你的。你招呼其他客人好了，不用老跟着我。"说完李慧继续往前走，可她发现这个营业员还是紧紧跟着她。

于是，她又跟营业员说道："你这样老跟着我我很不舒服，感觉自己像个贼一样，被你防着。"

这个营业员终于离她稍微远了一点。李慧慢慢逛着，拿起一双鞋子摸了摸，突然，那个营业员一下靠近了她，热情地说道："这是我们店里的最新款，卖得可好了，你试试吧！"说着就要为李慧脱鞋。

李慧连忙制止道："不用，不用，我还没想好要不要呢。"又说，"你刚才突然靠近我说话，把我吓了一大跳，以后对客人可不要这样。"

"好，我知道了。"这个营业员答道。

又看了一会儿，李慧拿起一双鞋子试了试，可试完还是觉得不是很满意。她刚想把鞋子放回去，几个营业员都围了过来，这个对她说："这双鞋是今年最流行的款式，你穿上绝对漂亮。"

那个说："现在我们正在打折呢，你现在买最实惠了，过了这个村可没这个店。"

"对，不要犹豫了，赶快买吧！"

几个服务员七嘴八舌地推荐者，李慧连说话的机会都没有。她好不容易找了个空当说话："好，好，好，我再考虑考虑，谢谢你们。"说完，逃也似地离开了。

李慧在整个购物的过程中，感受到的始终是一种不舒服的感受：被营业员紧盯着，让她感到了不自由、不自在；营业员突然接近她说话，把她吓了一跳；过度的热情，让她有一种被强迫购买的感觉，让她失去了自由选择的自在心情。这么多不舒服的感受，李慧当然想赶快逃走。

什么样的服务最让我们舒服？就是不让我们感到任何压力。来购物本来就是为了放松心情，如果得不到这样的感受，我们当然要毫不犹豫地拒绝这样的服务。但是有些朋友脸皮薄、好说话，经常忍受这样的服务：对方态度不好，他们说："算了，咱是来买东西，不要太在乎对方的态度，东西好就行。"自己不喜欢这件商品，但因为营业员强力地热情推销，自己不好意思拒绝，只好拿在手里，装作想买的样子，同时还要忍受着营业员絮絮叨叨的话语。

这样会让我们的心情感到愉快吗？当然不会！因此，学会拒绝令我们不舒服的服务，让我们的情绪在这1分钟内由坏变好。

1. 冷淡的服务，直接拒绝

叫几声都没人答应、话难听、脸难看，这样的冷淡服务我们当然要拒绝。人与人之间就应该热情相待，何况对方是要赚我们的钱，更应该热情对待我们。我花钱不是来买气受的，不需要忍受你的冷漠。因为买你的东西把我的情绪搞得一团糟，这样的事情不值当。因此，面对经营者的冷淡服务，不需要犹豫，直接离开，立刻结束我们的坏情绪。

2. 过度热情，也可以拒绝

冷淡会让人不舒服，过度的热情也会让人不舒服。凡事有度，热情过度会让人无所适从。况且很多经营者的热情并非是发自内心的，而是为了推销自己的商品，显得虚伪，更让我们感到不舒服。因此，不要忍受这种服务，可以直接对对方说："谢谢，我不喜欢。"

如果你觉得"人家这么热情，我不好意思说不要"，那么你的决定就会被对方的热情绑架，一旦把商品买回家，你就会因后悔产生很多坏情绪。所以，在当场直接拒绝这种令你不舒服的过度热情，就会让你的坏情绪在这1分钟内立刻消失不见。

3. 不合时宜地推销

不合时宜地推销，这也是令我们不舒服的一种服务。过度热情就是其中之一。其他例如，在推销的过程中刻意贬低同类商品，特别是我们在其他地方买到的商品。例如，你去买眼镜，营业员不停地说你现在戴的眼镜太差、太烂，简直就是垃圾，你的情绪能好吗？

或者你正走在街上，突然走过来一个人堵住你的路，拼命向你推销产品，不管你是不是急着赶路，也不管是否破坏了你悠闲逛街的心情。这时你的情绪能好吗?像类似这些令你不舒服的推销,你都可以立刻拒绝:"对不起,我不需要你的产品!"这样做,就不会让我们的情绪受到丝毫影响。

◎ 不要把你的坏情绪发泄在经营者身上

自己心情不好,就想去逛街购物、吃饭聚餐,以此来调节一下自己的情绪。但是有时候我们会不由自主地把自己的情绪转嫁到经营者头上。我们借题发挥、小题大做,甚至无中生有,以刁难经营者的方式来发泄自己的情绪。

张兴约同学出来一起去吃饭,啤酒先上来,他和同学一人倒了一杯,干起来。张兴一杯一杯喝得很快,一会儿一瓶啤酒已经下肚。

这时,张兴才发现菜还没上,于是叫住一个服务员问道:"我们点的菜怎么还没上呢?"

服务员说:"正做着呢?马上就上,您稍等一会儿。"

"快点!"张兴吆喝道。

同学劝他:"不着急,我们反正也没什么事,慢慢吃,慢慢喝。"

"对,喝!"张兴端起杯子和同学碰了一下。

又两杯酒下肚,菜还没上,张兴恼了,一拍桌子站了起来:"怎么回事,还不给我们上菜,看我们好欺负是不是?"

同学连忙又劝他:"没多长时间,是你酒喝得太快,我们才来了10分钟。"

"10分钟?10分钟还不上菜,这厨师什么水平?这水平怎么开饭店？"

在张兴的吵嚷之中，菜上来了，张兴又开始挑剔菜的味道，这个咸了，那个淡了。还把经理叫过来，埋怨了一通，说饭店的服务各方面都不行，让他吃得很不开心。

经理解释道："我们上菜的速度是正常的，至于您说的菜的味道，也许这几道菜不合您的胃口，下次来可以换几道菜。"

张兴一听又不高兴了："什么意思？我说你你还不虚心接受是不是？我说不好吃，你就应该马上给我重做，还让我下次来，就你这服务态度我下次还来？"

经理一听脸上也有点不高兴了。同学怕他们吵起来，连忙劝解："好了，好了，你自己心情不好，不要老怪人家。"

"我哪里心情不好？"张兴辩解道。

"你一来，我就看出你心情不好，还不承认。"

张兴一听不吭声了。

情绪不好的张兴"鸡蛋里挑骨头"，非要找出经营者的错误，以达到发泄自己情绪的目的。诚然，情绪不好的时候，我们是需要找一个宣泄的对象，但这个对象不应该是一个无辜者。经营者给我们提供了等值的服务就做到了他应该做到的，不需要为我们的坏情绪负责。

对方没有错，你却把你的坏情绪赖在他的头上，他也未必会对你一味忍让，那么你们之间难免发生冲突，你更会产生更多的坏情绪。即便你真的向对方发泄了情绪，也要适可而止，给彼此一个台阶下。

1. 不能胡搅蛮缠

如果已经忍不住向经营者发泄了情绪，那么也要注意适可而止。对方看在你是顾客的面子上，一直忍让你，但他们也有情绪，如果你一直胡搅蛮缠，他终会忍无可忍，和你发生冲突。这并不是你的初衷。因此，在对方向你道歉、妥协之后，你就要停止继续找碴儿、挑刺，这样才不会让事情滑向不可收拾的地步。

2. 要反省自己"怎么了"

如果你故意挑经营者的错误，借此向对方发泄自己的情绪，难免会遭到对方的抵触情绪，这个时候你就应该及时醒悟："我这是怎么了？人家得罪我了吗？人家有错吗？我自己心情不好，却把别人当作出气筒，合适吗？"相信这样及时反省，会制止你更多的"无赖"行为，也会让你的情绪缓和一点。

总之，自己心情不好，要学会找到更合理的方式和途径去发泄，在消费场所还是要尽量开心的消费，不要把不快乐的情绪带到这里来，也要把在这里产生的负面情绪用最快的速度排解出去。

第四种实践

永远带着正能量来工作

职场之中,既有一帆风顺的时候,更有着种种的不如意,空虚、自卑、紧张、焦虑……这是每一个人都曾经面临过的情绪问题,怎么办?就让这些坏情绪吞噬我们的意志吗?不能!只要你转变意念,找到方法,立即行动,那么,只需1分钟,坏情绪就能被你转化为正能量!

◎ 将空虚化为充实自我的正能量

午夜的街头有人在游荡,酒吧黑暗的角落里有一个人在买醉,游戏机前有一个人已经坐了整整一天了!这些人都有一个共同的特点——他们眼神迷离、暗淡无光、长吁短叹,只恨时间太慢、日子太长……

这些人怎么了?因为空虚!他们在心里对自己说:"我的工作只是在混饭吃,我根本就不知道自己适合做什么,我没有工作目标,我好空虚;这份工作什么都学不到,上班太闲了,完全就是在混日子,太空虚了;我这辈子难道就这样?在工作上再没有任何提升?这样简直是虚度光阴,这空虚的生活让我无法忍受!"

无法忍受!对,我们不能忍受空虚!我们不能任时间从我们身边溜走,我们不能任青春就这么逝去;我们不能在空虚的等待中让工作机遇一次一次地擦肩而过！当你这么想的时候，你应该为自己呐喊：就在这一刻，就在这1分钟，空虚已经转变为我体内的正能量！

李楠是一家公司一名最普通的员工，她并不喜欢这份工作，因为这不是自己的兴趣，薪水也不高。这份工作非常清闲，让李楠每天都有大把的闲暇时间，她觉得自己的状态和一个退休的老人差不多。她体会不到价值感，甚至好一点的物质生活也无法享受。强烈的空虚感，让她每天都陷入纠结中。

"怎么办？"李楠问自己。

她心里另一个声音说："你不能再这样混日子，再这样下去，你这辈子必将一事无成！"

听到这个声音，李楠心里一激灵，她振作起来，去报考了中文系的本科专业，她要学习、要充实提高！这以后，李楠的精神状态变了，上班比以前有劲了，下班也不再四处溜达，晚上也不把时间消磨在电视机前了，她把所有的业余时间用来学习、读书、写作。

三年后，她拿到中文系本科生的毕业证书，顺利应聘为一家杂志社的编辑。这份工作不仅有良好的待遇，重要的是能发挥她的特长，让她每天都处于快乐的情绪当中。

这个时候，她想起三年前的她，那时的她和现在的自己简直是判若两人。之所以有现在的自己，在于她没在空虚的情绪里沉溺，而是跳了出来，将空虚化为了充实自我的正能量！

我们都有过或正在感受着和李楠一样的空虚，但我们能不能像李楠一样，在1分钟内将空虚转化为正能量？

其实，只要你不安于现状，不去"忍受"空虚，都可以像李楠一样，将空虚转化为正能量。不要认为这是很难的事！看看你囊中羞涩的收入，想想你暗淡无光的前程，再咂摸一下忍受空虚的痛苦心里路程，将空虚化为正能量的念头在这1分钟内就立刻形成！再按下面几条方法去具体实施，正能量的巨大作用就可以发挥出来！

1. 给自己一个目标，避免无所事事的心态

在职场上也有一种"盲人"，他们不是眼睛盲，他们是"心盲"。这是一种讨厌的病症，它啃噬我们的心灵，让我们越来越虚空，找不到明天的方向。这类人就是没有职业目标的人，他们不知道自己适合什么工作，更不知道自己的能力和潜力；明天想达到什么样的职业高度，他们更是从来都没有想过。生活把他们赶到哪个位置，他们就在哪里待着。

这种人当然会空虚，只有找到自己的目标，才是走出空虚的第一步。结合自己的特性、爱好、理想，树立一个职业目标，并制订合理的职业发展计划，一步步地去实现目标。如果你实在理不清自己的清晰目标，那么不妨去和了解自己的朋友聊一聊，或者找职业规划师帮忙，让他们帮你找到你的职业目标。只要有了方向，心里就有了盼头，也就不会感到空虚。

2. 学习、充电，你就不会无所事事

正能量促使你找到了自己的职业目标，那么此时，你最应该去做的就是立刻付出行动，去接近目标，例如，学习、充电。学习、充电的方式可以是自己读书、也可以是报考学习班，或者兼职、向其他同事学习等，学的技能要和你的大目标一致。

学习的过程会让人感到充实、满足、有成就感，学习填补了你无所事事的时间。当你学有所成，在职业生涯上有质的飞跃，你会惊叹正能量的巨大作用！

◎ 将生气化为追求成就的正能量

身在职场,岂能事事顺心,生气总是难免。有的人因生气伤了身体,有的人因生气无法工作,但有的人却没有因生气受到丝毫影响!他们反而产生了一鼓作气的力量,冲破平日受制的框框,在职场取得了大成就!

他们是如何做到的?很简单,他们没有因为生气而情绪失控,而是迅速做出反应并采取行动,克服掉那些本不可逾越的障碍和困难,在1分钟内将生气化成一股追求成就的正能量。

晓妍刚刚大学毕业,在一家贸易公司上班不久。有一天,她听到几个同事在窃窃私语:"现在的女人,只要有个好相貌,将来找个有钱的老公,或者傍一个大款,就可以过上很滋润的生活了。就像我们公司刚来的那个女大学生,根本就不需要自己奋斗。"

这话让晓妍很生气,她知道他们说的是自己。难道因为自己有个好相貌就可以抹杀掉她工作上的努力吗?为什么女人的命运会悲惨到只能靠自己的容貌才能过上优越的生活呢?她想:"我一定要为自己争气,证明自己不靠男人也可以成功。"

想到这里,她不再生气了,而是立刻采取行动。她辞了工作,拿出自己的积蓄开办了一个网站。但是由于资金不足,很长时间一直没有什么点击率。但是她没有放弃自己的理想,她从父母、朋友那里借来资金,继续经营她的网站。一年之后,她的公司发展到几十个人,而且收益相当不错!

现在回想起来,晓妍还要谢谢当初几位同事,如果不是他们的话激怒了她,令她生气,她不会做出改变;也要感谢自己,及时扭转了坏情绪,并把生气转化为了追求成功的正能量!

晓妍在面对他人的讥讽时,当然也会生气。但是,她不会陷入愤怒的情绪中不可自拔,而是暗暗下决心一定要争气,才最终实现了自己的创业梦。

但是,看看某些职场中人是怎么做的。他们因生气和同事大吵一架,因受到了上司的批评气得吃不下饭,因受到了客户的刁难气得想辞职不干……总之,他们会被生气所影响,从而不愿去做出任何积极的行动。被生气控制了情绪的人,怎么可能获得改变人生的正能量?

有位诗人说过,"生气正好证明了你没有让别人信服和认可的资本,不懂得去争取、去改变。"聪明的人不会因为生气跟自己较劲,而是懂得及时转换情绪,激发自己的斗志,积极地投入工作,用事实去赢得别人的尊重及喝彩!

1. 立刻反省"为什么要生气"

我们感到自己生气时,就立刻自我反省:

"我为什么生气?"因为我们不想承认别人赋予我们身上的东西。

"为什么我这么容易生气?"因为我自控力太差,不懂得转化自己的情绪。

"生气能给我带来什么?"生气只能令他人更得意,自己更难受。

当你回答完这几个问题,你就会觉得必须立刻停止生气:去打打球,让生气随汗水先发泄出去;去投入工作,把生气先放在一边;面对现实,承认自己的不足,做出积极的改变!

只要我们做出这样的思考和情绪转移,就在1分钟,我们的负面情绪就转化为了正能量!

2. 做出改变，让自己变得更好

一味沉浸在生气的情绪里，待在原地不动，丝毫不会转化你的坏情绪。只有做出改变，让自己变得更好，才会让那些嘲笑、讥讽你的人闭上嘴巴。

倩倩在一家小型服装厂打工，周末，她和几个姐妹去逛商场，看上了一家店的一条裙子。

她摸着那条裙子看了又看，她很想买但是觉得价格太贵。这时，老板娘说话了："要买就掏钱，摸什么摸，摸脏了你可赔不起。像你们这些打工妹到地摊上去买衣服就好了……"

姐妹们听见了老板娘的话，气得立刻就要和老板娘理论。但倩倩阻止了她们，她也很生气，但她知道去和老板娘理论解决不了任何问题。回到厂里以后，她下决心一定要赚很多钱，让这些人再也不敢瞧不起她们。

但是想要挣大钱，靠打工根本不可能，只有自己当老板。可是在这个大城市，想要当老板可不是件容易的事。这时，她所在的厂子因为经营不善，老板欠了很多债准备脱手，倩倩一看时机来了，就从朋友手中借了点钱，把厂子重办了起来。经过她的努力经营，厂子很快扭亏为盈。

如今倩倩再去专卖店买衣服，老板见了她，再也不会讥笑她寒酸，而总是笑脸相迎。

如果你是倩倩，你能做到这么理智地对待他人的讥讽吗？你可能会像倩倩的姐妹那样和老板大吵一架，但结果只能引起双方更大的矛盾冲突，让你更生气。

所以，当我们感到生气时，我们可以在心里对自己说："总有一天，我会用我的成就让所有打击我的人都闭上嘴巴！"这样一来，就在这 1 分钟，你就已经将生气化为了追求成就的正能量。

接下来，你就要立刻行动起来，去寻找改变自己命运的机会，并不怕吃苦、不畏艰难，坚持不懈，直到取得成就。这就是生气赋予你的巨大能量！

◎ 将失望化为选择合理目标的正能量

"我希望我的月薪在半年内达到 5000 元！"

"我一定要在三个月内成为这个行业的'杜拉拉'！"

"我的目标是 3 年内做到总监职位！"

每一个职场中人，都有这样期望和目标。有目标，才会去努力实现，才会不断进步，才能享受到目标达到时那种成就感和满足感。然而，现实总是与我们的愿望有落差，期望难免会落空。目标无法实现时，失望、失落等情绪席卷而来，使我们丧失了曾经的工作激情。

但我们也可以做到不在失望中沉沦，而是在失望的同时检讨自己、主动调整自己的工作目标，让失望快速转化为正能量。

乔雨在一家大型公司任主管。她平时工作踏实认真，上司交给她的工作她都能很好地完成，而且很少出现差错，为此她深受上司的信赖。

这次，她所在的部门准备增加一个副经理职位，要在部门员工中挑选合适的人选。她想，凭自己平时的工作表现，以及领导对她的认可、同事对她的推崇，这个副经理职位应该是她的。而且她对这个职位也期待已久了，希望这次能够如愿。

乔雨怀着兴奋的心情等待着公司的任命，但是，最终得到这个职位的却是比她资历更深的一位同事。这样的结果令乔雨大失所望，她的心情跌落到了谷底，她不理解上司的做法，她觉得自己在工作能力上更胜一筹，这个职位她来担任更适合！因此她迫不及待地找到领导，说出了自己的想法。

领导是这样回答的："你们两个人能力不相上下，我们也考虑了很久。但我们考虑到他在这行工作时间更久，人脉更广一些，对开展工作更有利。你再磨炼两年，还有机会。"

领导的话让乔雨冷静了很多，想想领导说的话确实是对的，自己虽然执行力比较强，但行业经验和宏观把握的能力确实不如同事。看来，是自己太高估自己了。

想到这里，她不再难过了，而是重新投入工作，依然像以前那样努力，但不再总是想着升职的事。她积极配合新经理的工作，并开始暗地里学习他身上的优点。因为，她的目标是尽快弥补自己身上的不足。

两年后，部门经理辞职，乔雨被升为正经理，昔日和她竞争的那位同事成了她的下属。而且她还听说，正是那位部门经理向上司推荐的她。

乔雨很庆幸，自己在当初感到失望时没有一蹶不振，而是迅速调整自己的情绪和目标，并将它们化为促使自己不断进步的正能量。现在，她也常告诉自己的下属：失望、失落没有什么可怕，只要我们能将它们合理地转化，那么所有问题都可以迎刃而解！

面对期望落空，乔雨也曾失望，也会一时无法接受。但她没有抱怨，也没有过度地消极，而是迅速从自己身上找原因，并立刻转变心态、调整工作期望，并以更大的热情投入工作，最终获得了比当初的期望更大的收获。

然而，我们很多人却不能像乔雨一样在1分钟内将失望转化为正能量，而是在失望之余变得消极、怨天尤人、自暴自弃，我们长时间无法走出这种心理的落差感，因此也停止了自己前进的脚步。

我们有没有想过：正是因为对自己的过高估计和错误评价，才让自己树立了过高的目标。目标一旦达不到，心中就会有强烈的失落感。其实，我们只要做好以下三部曲，也能在1分钟内将失望化为正能量。

1. 看到自己的缺点和不足

在期望落空时，第一时间别抱怨和失落，先想想期望为什么会落空？是不是因为自身的原因？自身的能力还没有达到与自己的期望相等的程度，在某一方面还比较欠缺，因此机会没有降落到自己身上。

仔细想想，自己究竟在哪一方面还比较欠缺：是执行力还是管理能力？是表达能力还是与人相处的能力？是经验不够丰富还是性格原因？找到了自己的不足，你不仅可以坦然面对失去的机会，同时心里马上有了努力、改进的方向，失落感迅速被奋进感代替，失望的坏情绪在1分钟内立刻转化为正能量！

2. 调整自己的工作目标

找到了自己的缺点和不足，我们就明白了失望的原因是自己目标太高造成的。因此，我们要马上调整自己的工作目标，从自己的实际出发重新制定：曾经的目标是三年内做到经理的位置，现在不妨调整为5年；自己一直想做老板，可发现自己还没有独自创业的能力，那么不妨再老老实实打几年工。

通过对目标的调整，我们的奋进感有了切实可行的方向。这个时候，我们渴望的正能量不再只是停留在精神上，而是迅速爆发、化为行动！

3. 朝着目标不断进步

要想看到正能量的巨大效应，你必须持之以恒地朝着目标不断前进，情绪不被干扰，每天不断进步。因为你的目标合理，不需要多长时间，你就能收获到丰硕的果实。这个时候，你体内正能量的巨大效应会让你激动不已！

◎ 将紧张化为提高工作效率的正能量

在工作中，你一定有过这样的经历："怎么办？就剩一个星期了，我的工作怕是完不成了……"

在这种紧张的情绪下，你开始忙碌、烦躁、慌乱，还会在忙乱中出错，一出错更紧张了："本来就完不成，现在还得重来。"有的人甚至过度紧张，将一大堆文件往一边一推："算了，这么紧张什么也干不成，不干了。"

瞧，紧张使你的工作状态完全乱了，不但说话紧张、思维紧张，就连行为也紧张。

但是，为什么有的人面对紧迫的工作却气定神闲？你看他们："嗯，今天上午我先做这个，下午我再做别的，这样的工作效率高一些。""咱俩分一下工，你对这个比较熟悉，你来做这个，其他的交给我，这样一定能按时完成！"

原来，在拿到工作任务的那一刻，他们只是短暂性地头脑一紧，但只不过1分钟后，他们就不再被紧张所困扰，因为，他们将这份情绪转化为了提高效率的正能量。

韩青在一家著名杂志社工作，她很喜欢这份工作，唯一让她心焦的就是经常有突如其来的赶稿任务，这让她感到很紧张，并给她带来了很大的精神压力。一紧张她就觉得思维枯竭，连敲键盘的手指都不灵了。

这一次，领导又让她在一星期内交出三篇质量高的稿子，这可怎么办？她想，我不能再像以前赶稿子那样紧张兮兮，觉也睡不好，饭也没时间吃，最后稿子的质量也不见得好。

"我要改变工作方法。"韩青如此说道。

韩青先思考这三篇稿子的立意，然后分别列出提纲，理清思路，然后想好一天要写多少字。做好了这些，她心里有谱了。然后，她立刻动手写，因为思路清晰，再加上时间紧迫，她写得非常投入，思想的火花不断闪现，在规定的时间顺利完成了工作。

稿子交上去之后，主编很满意。韩青心里想："如果不是感到紧张，我也不会调整工作方法，工作效率也不会这么高。看来，紧张一点也没有坏处，它完全可以转化为提高工作效率的正能量！"

面对紧迫的工作，我们能像韩青这样，迅速剔除焦虑、担忧，而将它转化为正能量吗？答案是肯定的！因为紧张的情绪使我们的内心产生波动，而这种波动能够调集我们脑海中所有的思想，在这样的情况下，工作效率就变得高了。这在心理学中被称为"最后通牒效应"。

在时间宽松的情况下，人容易变得懒散，本来可以完成的任务反倒完不成了。紧迫的情况却可以激发人无尽的潜能，促使你调整工作方法，提高工作效率，养成好的工作习惯，让人产生一种积极的正能量！

当然，想要利用好紧张这种情绪，却不是简单的一句话。我们应该做到以下几点：

1. 研究工作周期，合理规划工作时间

之所以紧张，就是因为时间紧迫，那么我们来好好研究一下工作时间：两个星期内要做这么多工作，我每天要做多少，需不需要加班，加几次班才能完成。对工作时间先了然于胸，首先在情绪上不会过于紧张。

2. 找到最有效的工作方法

找到适合自己的最有效的工作方法，这才是提高工作效率的直接途径。有些人喜欢先做难度大的工作，觉得这样自己后面就会轻松一点；有的人则喜欢把"难啃的骨头"放在后面，觉得这样自己效率更高。还有的人，会去请教一下领导和同事，咨询怎么样才能使工作效率更高。

这三种方法，总有一种适合你。倘若你找到了最适合自己的模式，那么紧迫的工作任务非但没有让你变得紧张，反而成为促使你提高工作技能的正能量！

3. 投入工作，将正能量发挥到最大

找到了工作方法，就要积极地投入工作，精神要集中，并坚信自己能够在规定的时间去完成，这个过程中正能量一直在发挥着作用，给你支持和推动的力量。当你一鼓作气完成工作任务时，你就会发现："其实之前所谓的紧张在投入地工作之中根本体会不到！"所以，唯有投入，你才不会被紧张的情绪所束缚和困扰。

◎ 将自卑化为拼搏的正能量

这个世界上有从来都不自卑的人吗?

古代希腊的代蒙斯赛因斯,小时候患有口吃,他自卑;美国的罗斯福总统,患有小儿麻痹症,他自卑;尼采身体羸弱,他自卑。但是后来,代蒙斯赛因斯成了著名的演说家,罗斯福成了美国总统,尼采成了大哲学家。

为什么这些自卑的人能取得这么大的成就?很简单,因为他们从自卑里获得了积极的正能量!

《超越自卑》的作者,著名心理学家阿德勒认为,人一生都伴随着自卑感,之后需要用一生的时间,去提高自己的技能、优越感和对别人的重要性。可见,自卑成了人拼搏的理由,卑微里有不容小觑的力量!

只要你能够正视自己的自卑,并将自卑踩在脚下,那么,只需要1分钟,你就能够将自卑转换为正能量。听听下面这位主人公的讲述:

我不如别人,我自卑,所以我不停地努力。

当年我从郑州到国家队的时候,得不到任何人的肯定,他们都说1.5米的我不可能打得多好。面对众人的否定,我非常自卑。但我从来就不是个容易认输的人,自卑永远不会阻止我前进的脚步,只会成为我不断拼搏的正能量!

为了证明给他们看,我没日没夜地刻苦训练。我先天条件不足,别人允许自己有失败的机会,但我不允许,我只能赢。所以我打球凶狠,那是因为我打球时内心有一种正能量让我必须爆发。后来我成了世界冠军。

退役之后,我进入清华大学学习英语,别的同学都学了好多年的英语了,我连26个英语字母都认不全,我特别自卑。但我想起我打球时的情形,我打球能赢,学习也能学好,于是我又有了能量!我每天5点准时起床学习,一直学到晚上12点,我全身心地投入学习,终于顺利拿到了毕业证书。

清华大学毕业后,我又到英国诺丁汉大学和剑桥大学学习,在那里我更自卑。周围的同学几乎全都比我优秀,我曾经取得的一切成绩现在都成了零,我自卑得不得了。但我体内的正能量又在这一刻爆发!我继续苦读,终于获得了英国诺丁汉大学中国当代研究专业硕士学位和剑桥大学的经济学博士学位。

回想这一路的历程,我从来都不否认自己是个自卑的人,但我从来都不惧怕自卑,反而会从自卑中获得人生挑战的动力!

您一定猜出来了这个人是谁。没错,她就是乒乓球世界冠军邓亚萍。自卑伴随了邓亚萍很久,但她从不曾被自卑打到,正相反,她把自己的成功一次次打破,又一次次从自卑出发,获得新的、更大的成功。

可是,看看职场人,却是一些这样自卑的人:

领导把一项很重要的工作交给你,你说:"这个,我不行,还是给其他同事吧。"

同事鼓励你参与职位竞争,你说:"还是算了吧,我哪行呢。"

看到自己的好哥们儿在职场上顺风顺水,心里想:"人家就是比我强,就是把我放到那样的位置上,我也未必干得了。"

其实,自卑不是他们拼搏的理由,而是他们懒惰的借口。他们之所以不能成功，在于他们的脚步就在自卑面前驻足，再也不肯前进一步。而反观那些同样具有自卑情绪、但又取得成功的人，自卑非但没让他们泄气，还让他们获得了拼搏的正能量。

那么，为什么我们不能成为像邓亚萍一样的人？

1. 改掉对自己说"不"的坏习惯

自卑的人的习惯就是自我否定，认为"这个工作我做不了，那个工作我也做不了"。自卑太容易了，只要从嘴里吐出个"不"字，就可以避免掉许多奋斗的辛苦和失败带来的打击。但是如果你总是对自己说不，你的职业生涯将永远停留在这一刻，你将永远羡慕着别人的成功，哀叹着自己的无能。

所以，把对自己说"不"的习惯改掉，改为："我试试看！""我一定尽力去做！"当你说出这样的话，正能量就会在这1分钟内聚集在你的体内，并推动你去拼搏、去超越自己。

2. 不能停下拼搏的脚步

自卑不可能绝对消失，因为任何时候、任何环境都有比自己强的人，就算你取得了很大的成就依然会自卑。邓亚萍成为世界冠军以后依然自卑，中国香港影星梁朝伟成为影帝后仍然多次说自己是个很自卑的人。但是，他们知道偶尔的自卑谁都会有，关键就看自己怎样摆脱它的控制。想想看，邓亚萍打球时为什么会发出阵阵怒吼？这就是她将自卑转化为拼搏的方式！

正能量就是你头脑中一个闪念，只要你抓住了这个闪念，那么，1分钟，自卑就转化为了拼搏的正能量！

◎ 将忌妒转化为超越他人的正能量

英国哲学家培根说："忌妒这恶魔总是暗暗地、悄悄地毁掉人间的好东西。"的确，忌妒是一剂可怕的毒药，它的毒性足以扭曲我们的理智和美好心态，让我们痛不欲生，做出后悔莫及的事来。

职场里，我们忌妒他人的情绪无处不在：无法容忍别人的工作能力比自己强，无法容忍同事比自己的职位高、薪水多，无法容忍竞争对手的实力比自己强大，害怕别人得到自己无法得到的成绩、名誉、地位。

但是，如果我们能把忌妒的情绪转化为争强好胜的行动，那么，忌妒也可以在1分钟内转化为超越他人的正能量！

欣晴是一家IT公司的高级职员，她优雅大方，聪明能干，因此很受大家的喜爱和欢迎。而她自己，也很享受这种众星捧月的感觉。

不过，公司最近新来了一个女孩子，让她的地位受到了威胁。这个女孩外表靓丽、性格开朗，从名校毕业，工作能力也很强，很快就和公司同事打成了一片，并成了所有男同事的中心，这让欣晴非常忌妒。原本这些人应该是自己的追随者，自己是他们的中心才对，而现在她感到特别失落，每次看到这个女孩都觉得心情不舒服。

这个女孩子并没有和欣晴发生冲突，但在欣晴看来她做的一切都像是在向她挑战，挑战她在公司里最受欢迎的地位。这种感觉，让欣晴非常难受。但欣晴没有和这个女孩较劲，而是对自己说："我要在工作上继续努力,成为佼佼者,这样大家才会像以前那样关注我。"

这以后,欣晴不再关注这个女孩的动向,她把所有精力都用在工作上。因为她本来就有丰富的工作经验和较强的能力,再加上这次发力的能量这么大,很快她在工作上就取得了飞跃式的进步,三个月后她升职为部门的工作总监。

这让同事们刮目相看,那些男同事们纷纷向她竖起大拇指,那个新来的女孩子也说"太崇拜她了",就这样,欣晴对这个女孩的忌妒心不见了,随之而来的是无比的自信。现在,她非常感谢这个女孩的出现,因为她的出现,让她把忌妒化为了超越她的正能量,才取得了如此大的成绩!

欣晴在忌妒出现时,没有被忌妒的毒性给扭曲心灵,而是很快把忌妒化为超越他人的正能量!

如果我们不能像欣晴那样,学会控制自己的忌妒,我们就会厌恶、诋毁同事,在不断地对同事的打击中寻找乐趣,以求内心平衡,而自己的工作和生活却因此而搞得一团糟。所以,与其说是同事的优秀妨碍了自己,倒不如说是自己的关注点发生了偏离,自愿从生活轨道上滑落而自毁前程。

思想家罗素曾经说过:忌妒的一部分是一种英雄式的痛苦的表现。人们面对忌妒,犹如在黑夜里盲目地摸索,也许会走向死亡与毁灭,也许会走向一个更好的归宿。想要摆脱前者,赢得后者,就必须学会把忌妒化为超越他人的正能量,在超越他人的过程中,得到能量的大爆发!

1. 迅速找到自身长处,避免忌妒控制自己

忌妒同事,是因为觉得我们不如同事。这个时候,不妨冷静分析自己的实力和优缺点,寻找新的自我价值,充实自己的能量去超越同事,使原先不能满足的欲望得到补偿。

所以,当我们发现自己忌妒同事时,我们要做的不是盯着同事,而是要学会扬长避短,寻找和开拓有利于充分发挥自身潜能的新领域,这时,正能量会激发出自己的潜能,让我们奋起拼搏,不断做出新的成绩。

2. 把忌妒化为强烈的事业心

总是忌妒同事的人,其实都是有事业心的人,那么不妨把忌妒化为强烈的事业心和企图心,对未来充满憧憬。从小事做起,从实处做好,把同事、竞争对手当作我们的目标,同事跑得快,会带动我们跑得更快。例如,看到同事总是可以提前完成工作,这时候我们不妨去学习他的方法,甚至是主动去求教。没有人会排斥别人的求教的,当你从同事的身上学到了更优秀的方法,并建立起了优异的人际关系时,你又怎会对他人产生忌妒之心?

◎ 将恐惧化为积极上进的正能量

要问职场中人哪一种负面情绪最为强烈,得票最高者一定是——恐惧。为什么?因为中国处在社会的转型期,社会竞争日益激烈。

在这种大环境下,职场人特别容易恐惧:公司如果倒闭了,我怎么办?竞争这么激烈,我如果被炒掉了怎么办?工资低、又没有其他社会保障,老了我可怎么办?

恐惧,犹如让我们置身于一个黑暗的涵洞里,要么待在涵洞里被恐惧折磨死,要么克服恐惧,冲出黑暗,找到光明。但求生是人的本能,这种本能会在刹那间给予我们一种能量,推动我们迎着恐惧往前跑，越来越接近光明。

高华已三十多岁，上有老下有小，微薄的工资仅够糊口，如果家里谁有个稍微严重的病，经济就难以承受。他在一家很小的公司上班，工资很低，没有其他福利待遇。所以，他很担心公司效益不好，那么他就要失业，失去唯一的经济来源。

想到未来，高华就更恐惧了。父母已经年迈，在医药健康上的花销越来越大；孩子面临上学，教育费用也不菲。而且他没有过硬的一技之长，很担心自己不能应付这瞬息万变的职场。

于是，他在心里告诉自己：不能再这么下去了，不能总是陷在对未来的恐惧和不安中，我要让自己变得强大！想到这里，他觉得短暂的恐惧已经过去，随之而来的是一种令他兴奋的感觉。

他开始读书、学习，不断增加自己的知识和技能，对工作更加积极认真。三年后，他掌握了家用电器维修行业纯熟的技能，跳槽到一家大企业工作，自己的收入增加了很多。

现在，高华再也不会对未来恐惧了，就算失业他也不怕了，因为他可以自己开维修铺当老板，不管什么时候，他都能用自己的能力赚取到生活的保障。他知道，这一切都是源于当初他把恐惧化为了积极上进的正能量！

高华的故事告诉我们，恐惧也是一种高能量的情绪。它提高了我们神经系统的灵敏度，令我们的危机意识增强，促使我们做出思考和改变，并激发我们学习及努力的上进心，以获取相关的知识和资讯，增强我们的生存技能，最终彻底摆脱恐惧。

职场中人除了对未来的生存恐惧，有时会面临更具体的恐惧：工作太难我们会恐惧，上司太严厉我们会恐惧，同事难相处我们也会恐惧。为了摆脱这些恐惧，我们就必须积极上进，努力工作，在工作上取得成绩。毕竟在职场中，是拿工作说话，优异的工作成绩是让我们摆脱对工作的恐惧，让上司和同事对我们刮目相看的唯一办法。

所以，只要我们直面恐惧、做出改变，恐惧就可以在1分钟内化为积极上进的正能量，从而取得令自己和他人意想不到的成绩。

1. 莫要待在恐惧的情绪里不动

恐惧来袭时，我们千万不要待在恐惧里瑟瑟发抖，一动也不动，那么要不了多久，你就会被恐惧折磨得痛苦不堪。不管能不能走出恐惧，你都要做出尝试：如果因为工作太难而恐惧，那就命令自己勇敢地去接受挑战；如果因上司严厉而恐惧，那么去和上司沟通；如果因生存危机而恐惧，那就要努力学习、增加自己的工作能力。只要你做出这样的尝试，恐惧就已经转化为了你身上的正能量，推动你不断向前！

2. 多一些乐观、积极向上的正能量

对未来、对工作、对职场多一些乐观、积极的态度，只要自己不懒、不笨，保持与时俱进的尽头，就不需要恐惧。乐观的态度都会转化为你体内的正能量，消解你内心的恐惧。看一些《阿甘正传》《肖申克的救赎》等励志电影，恐惧也许可以在1分钟内化为积极向上的正能量！

◎ 将焦虑化为改变的正能量

焦虑，这是困扰所有人的难题。在焦虑的情绪下，我们行为出现了强烈的波动，导致丢三落四、患得患失。更有甚者，因为焦虑我们丧失了曾经的勇气，变得越发消沉，在坏情绪中无法自拔。

没有人喜欢焦虑，可是我们究竟该怎么做才能摆脱焦虑的困扰？其实，不要总想着逃避，也许合理的手段，我们1分钟内就能将焦虑化为正能量！

真真大学毕业后，在这家大型公司做出纳，工作环境优越，福利待遇也非常丰厚。不知不觉中，她在这家公司工作已经两年了，在这两年中间，她的工作内容没有变化，职位没有提升，工资也没有增加。

不仅如此，大公司的业务非常多，她和同事每天都很忙，她有心想学点其他的东西，都没有时间和机会。所以两年了，除了自己有限的工作内容之外，其他的她还是什么都不会。

渐渐地，真真对自己的工作和生活感到了焦虑：自己不过是这家公司其中一台机器上的小齿轮，每天没有目的地无意识地转着。长期间没有任何改变的生活，让她觉得生活了无意义，每天都像是在浪费青春，毫无价值。这份工作对她来说，已经成了"鸡肋"——食之无味，弃之可惜！

在这种焦虑情绪的影响下，她工作没有了劲头，生活也失去了乐趣。甚至，她经常会为一些小事而和同事、家人发生争吵。

真真明白，自己不能再这样焦虑下去。因此，她必须做出改变：她报考了会计师的考试，并开始留意报纸和网上的招聘启事。三个月后，拿到会计师资格证的她跳槽到一家小工厂做会计，虽然工资和她原来差不多，但她并不在乎。一年后她升职为会计主管，两年后她跳槽到一家中型企业做财务部副经理。

真的很庆幸，自己没有沉沦下去。她更庆幸的是，自己能够将焦虑转化为正能量，从而让自己彻底腾飞！

现代人，尤其是身处职场的人们，总是处于一种焦虑的状态——工作不稳定，没有安全感，我们焦虑；工作太安逸，没有提升的空间，我们焦虑；工作总是做不完，没有休息的时间，我们焦虑；工作太悠闲，时间无法打发，我们也焦虑；没钱焦虑，有钱也焦虑。

焦虑就像是一个不速之客，随时随地都来拜访我们。我们无法避免焦虑，因为我们原本就生活在一个危机四伏的世界里，处处都充满了诱惑和挑战，对未来的未知和不安，总是让我们感到焦虑。

焦虑还总是伴随着恐惧，当我们焦虑的事情没有得到解决，来到了面前时，焦虑就变成恐惧。长期的焦虑给我们的身心带来了诸多不利的影响。

那么，焦虑真的就一无是处吗？先别着急下判断。我们都熟悉这样一句话："生于忧患，死于安乐！"它的意思就是：人若活得太舒服，就会失去奋进的斗志，而适当的忧虑会促使人做出改变，不断进步，获得生存和发展的空间。

可见，只要焦虑运用得当，那么，它对我们的人生也有积极的意义。因为，焦虑可以促使我们在未来的恐惧和暴风雨来临之前，就做好应对的措施和准备。那些从不焦虑的人，或迟或早都会被社会淘汰，因为他们没有办法在严酷的职场竞争中生存。

所以，焦虑没有那么可怕，将它转化为正能量并非难事！只要我们尽量去调整，那么也许只要短短的1分钟，焦虑就可以转化为正能量，在我们的体内爆发。

1. 在焦虑面前不能选择逃避

为某件事焦虑时，不能选择逃避。例如，故意视而不见，让自己变得麻木等，焦虑不会因此就消失不见。而是要让自己直接面对焦虑：是工作本身让我焦虑，还是工作方法不当让我焦虑？我还愿不愿意继续焦虑下去？不想再继续焦虑应该做出什么改变？

在冷静的思考下，让自己理清楚：是事情让自己焦虑，还是自己对这件事情不正确的看法带来了焦虑，由此先做出心理上的改变。

2. 不要长期处于焦虑的情绪中

任何一种情绪都不能在自己身上停留过久，更不可弥漫自己的全部身心，否则你便会被这种情绪俘虏，任由它左右你的心情，对你的工作和生活都会带来影响。即便不能马上改变令自己焦虑的事情和缘由，也应该采取一些措施让自己暂时摆脱焦虑。

例如，我们和同事聊一聊天，转移一下目标，让自己焦虑的情绪暂时得到缓解；可以暂时放下手中的工作，出去透一口气。只要尽可能地转移目标，那么焦虑也许会在1分钟内就烟消云散。

3. 做出改变，切断令自己焦虑的根源

要想彻底地消除焦虑，化焦虑为正能量，唯一有效的办法是做出改变，切断令自己焦虑的根源。

如果工作本身令你焦虑，那么你就尝试换工作；如果是为和同事之间的人际关系焦虑，那就反省一下自己有没有什么做得不当的地方，尝试和同事沟通一下，能不能改变现状；如果是为未来焦虑，那么现在开始充电，提高自己的技能，为将来自己有更多竞争的筹码做准备。如果这些情况都没有，纯粹是自己无端忧虑、忧虑过多，那就要改变自己的心态。

总之，什么让你忧虑，你就要做出相应的应对措施。随着你的改变，不但焦虑会随之而去，人变得快乐，个人能力也会得到大的提升，自我也会越来越完善！

◎ 将压力化为动力的正能量

　　职场人压力大，压力源众多：工作、人际关系、职位薪资，有时如泰山压顶让我们喘不过气来。有人被压力压趴下了，身心疲惫、情绪崩溃，甚至想以结束自己的生命来逃避压力。

　　其实，真正让我们趴下的并不是压力，而是自己倒塌的精神世界。在面对压力的时候，如果我们的精神世界越来越"弯"，最后一点都直不起来，那么压力就会把我们拍死在下面。但是，如果你能在压力铺天盖地而来的时候，无所畏惧，在瞬间爆发正能量，那么压力会在1分钟内落荒而逃。

　　茱莉失业了，她刚刚离婚，独自带着两个孩子。未来的生活，必定是非常艰辛的，因为她没有其他的谋生技能，工作也找不到。她尝试着做小本生意，投资也都付诸东流。莫大的压力，让她快要承受不了了。

　　但是她想到：她还有两个孩子，她还要给他们好的生活条件。她不能在压力面前倒下来，压力越大，她的动力也就越大。她不再只是感到自己悲惨了，她要寻找机遇！

　　她带着两个孩子回到故乡——洛杉矶。有一天，她去市场选购夏威夷罩袍，发现这些服装只有一种尺码，同时花色非常呆板，缺少变化。这种罩袍需求量很大，但市面上的质量都不够好，一点也不适合特殊的场合穿着。

茱莉意识到这是一个机会，她决定改良这种产品，满足人们的多样需求。她以仅有的100美元资金开始在家里为别人改缝她设计的衣服，因为聘不起工人，她只有自己没日没夜地干。由于她改缝的衣服美观、实用且有特殊的风格，因而受到了人们的欢迎，茱莉的生意越做越大。

茱莉说，她感谢命运给她的压力，如果不是这样，不会激发她体内的正能量，不会让她有动力去冒险、去吃苦，不会让她和孩子过上衣食无忧的生活。

面对巨大的压力，茱莉没有被压垮，而且化压力为动力，积蓄正能量促使自己主动寻找机遇，改变生活现状。

其实，我们的精神世界是耐压的，我们远没有自己想象的那样脆弱。在压力来临时，我们可以暂时弯下腰，然后再突然纵身一跃，压力就会被我们顶跑。弯下腰的那一刹那，就是正能量蓄势待发的时刻！

在压力来临时，如果你有纵身一跃的冲动，那么这一刻，压力已经被你转化为了正能量。相反，如果没有压力，我们体内的正能量就处于"休眠"状态。压力越大，能量也就越大，你就跃得越高。

◎ 将消沉转化为奋斗的正能量

职场上的纷争让你心灰意冷，工作上的失败让你沮丧颓唐，于是你精神萎靡不振，对世界悲观失望，认为人生不过如此，理想、前途都是无稽之谈，何必为了这些去奋斗？

我们的情绪像海潮，时高时低。但是，这没有什么！综观历史长河，谁没有消沉的时刻？屈原被楚王放逐，他不消沉吗？司马迁忍受宫刑耻辱，他不消沉吗？孙膑遭遇断腿之痛，他不消沉吗？但他们却在消沉中奋起，将消沉化为奋斗的正能量，于是才有了《离骚》、有了《史记》，才有了著名的军事家孙膑！

职场中的我们，没有谁能始终保持着高昂的工作激情，更没有谁能在职场竞争中次次胜利。但是，我们绝不能长时间地意志消沉，让消沉毁了我们的工作和生活。而是要像这些历史名人一样，在1分钟内，将消沉化为奋斗的正能量！

三年前，王颖辞职了，因为她不喜欢原来的工作，也因为要结婚生子。如今，孩子已经3岁，她要重新投入职场。于是，她开始求职应聘，可是求职简历寄出去几十封，全部石沉大海。因为，她不打算再从事之前的行业，而其他的任何一个行业她都没有工作经验。

这样的情况让王颖万分沮丧，难道自己真成了一个废人了吗？自己还年轻，竟然连份工作都找不到？这两个问题把王颖打倒了，她整日呆坐家中，越来越消沉。

但是，她又想起她的理想，她想成为一名好编辑，理想还没有实现，她没有理由消沉！于是，她振作起来，重新修改简历，整理她的文章，继续发简历。两个月后，她终于被一家少儿杂志社聘为编辑。

重回职场的她特别珍惜这份来之不易的工作，她工作特别努力认真。每个周末，别人休息两天，她至少有一天在工作；平时，只要有时间，她就看书学习，钻研业务。对工作的热情投入使她在两年后荣升为杂志社的主编，她的成长速度令同事们咂舌。

但她自己知道，这一切都得益于在消沉的那一刻，她立刻将消沉化为了奋斗的正能量！

听了王颖的故事，你觉得消沉可怕吗？一点都不可怕！将消沉化为正能量难吗？一点都不难！因为，有消沉才有觉醒，有觉醒才有行动，有行动就有正能量的爆发！

我们都是凡人，遇到困境一时消沉很正常，但我们不能自甘平庸，不能在消沉中失去奋进的力量。在工作中取得成就的确值得我们称赞，但更值得我们称赞的是在困境中奋起的勇气、化消沉为正能量的能力！

也许你会说，我也想奋起，也想化消沉为正能量，但我不知道该如何做。看完下面这两条建议，相信就在1分钟内，消沉已经逝去，正能量已经在你的体内积聚。

1. 有理想就能化消沉为正能量

司马迁为什么能奋起？因为还有历史巨著等着他完成。韩颖为什么能奋起？因为还有理想未实现？综观古今中外，能够化消沉为正能量的人，无不是有理想之人。因此职场中人若想化消沉为正能量，首先要树立理想。不管你的理想完成多少，还是赚到多少钱，或是做到某个职位，只要有理想，你就可以化消沉为奋起的正能量！

2. 困境都是暂时的，你只能消沉 1 分钟

当然允许你消沉，但你只能消沉 1 分钟。因为困境都是暂时的，仅仅比你消沉的时间长一点点而已。如果你消沉了 1 分钟，困境就在下 1 分钟消失；如果你消沉 2 分钟，困境就在第三分钟消失；如果你永远消沉，困境将永远不会消失。

因此，你若想让困境在最短的时间内消失，你顶多只能消沉 1 分钟。然后，在 1 分钟后，你就要将消沉化为奋起的正能量！

◎ 将痛苦化为"涅槃重生"的正能量

痛苦，这是每个人都不愿意承受的。可是，又有谁可以逃避痛苦？

林肯曾经 50 次参加考试，没有一次通过，他是痛苦的；残疾钢琴师刘伟 10 岁时失去双臂、14 岁因病远离泳池，他是痛苦的。然而，这些痛苦并没有将他们击溃，他们反而涅槃重生，获得了积极的正能量！

也许你会问：他们是怎样扭转痛苦的情绪的？很简单，只要你能正视痛苦，那么所谓的困惑、纠结，就会在一分钟之内烟消云散！

三年前，李晶进入了这家外资公司，通过自己的努力，如今已是这家企业的部门经理，在业内也小有名气。可是，三年前的李晶可不是现在意气风发的样子，当初的她还是一个因为失业而痛苦迷茫的普通女孩。

大学毕业后，李晶在老家一个小公司做业务员，但做了没多长时间，李晶就因为工作中出现了较大失误，被公司辞退了。那时候，李晶感到了迷茫与无助，甚至觉得自己要崩溃了。自己努力地工作，却因为一个无心的错误，失去了工作。在她们那个小县城，找份工作多不容易啊。她不知道以后该怎么办。

但是，在短暂的痛苦之后，这个骨子里透着坚强的女孩振作了起来。她想：塞翁失马，焉知非福？自己还年轻，总不能一辈子就困在这个小地方，她要到外面的世界闯一闯！

想到这里，李晶突然感觉到：曾经的痛苦立刻烟消云散了！她惊异于自己的变化，并立刻收拾行囊奔赴北京，开始了她追逐梦想的旅程。虽然吃尽了苦头，但总算也熬出了头。

如今，事业有成的李晶再想起曾经那段生活，淡然地说："其实，痛苦并没有那么夸张，只要我能看清它，那么这种负面的情绪就会立刻消失！而我收获的，是一种充实的正能量。现在我再面对新人，我都会告诉他们，别总想着痛苦如何把自己击倒，因为困难每个人都会遇到。如果我们能够转换思维，那么痛苦反而会促发我们的进步！"

正是因为认清了痛苦，李晶做到了涅槃重生，获得了宝贵的正能量。

然而，看看职场中的我们，有多少人能做到这一点？有人因前途渺茫而痛苦，有人因失业而痛苦，有人因没有升职加薪而痛苦，有人因和上司、同事之间的一点小矛盾而痛苦……于是这些人发出了哀叹，认为自己就是被世界遗弃的那一个。于是，有的人选择用酒精麻醉自己；有的人会疯狂地排斥他人和社会。甚至还有的人选择了轻生这条路……

一味地陷入痛苦的情绪中不可自拔，我们又谈何去改变，何谈获得梦寐以求的正能量？

1. 不要想着逃避痛苦，勇于面对才能及时调整

诚然，每个人都想远离痛苦，可是痛苦绝不会自动消失。痛苦就像我们的影子一样，会和我们的人生永远相伴。即使你逃避开了一个痛苦，还会有新的痛苦等着你。就像你感到工作非常痛苦，于是选择辞职逃避，可是辞职之后呢？找工作的压力、新工作的困难，新的痛苦依然就在你的前方！

所以，想要不被痛苦所困扰，我们就必须学会面对他。在工作中遇到了困难，我们可以去充电、去求助、去向同事朋友们倾诉，从而改变自己纠结的心情。要记住，痛苦也好，幸福也罢，这就是我们的生活。只要我们可以做出积极的改变，那么获得正能量就是一瞬间的事情！

2. 告诉自己，没什么过不去的

我们之所以被痛苦的情绪所困扰，很大程度上是因为自己不够自信，总觉得自己即将"完蛋"。但事实上，痛苦并非不可战胜，只要告诉自己："没什么过不去的！"那么，一切问题都将迎刃而解。

唐平是一个命运多舛的女人，经历了很多常人难以想象的灾难——唐山大地震、父母双亡……

很多人都觉得，唐平将会在痛苦的情绪中无法自拔。然而事实上，唐平却表现得极其坚强。懂事的唐平从小读书就很勤奋，几年后以优异的成绩考取了北京一所高校。

然而，灾难并没有因此远离她。就在她进入工作岗位的第二年，她在体检时被查出自己是乙肝病毒携带者，单位立刻将她辞退了。但唐平并没有倒下，她边打零工边攒钱治病。三年过去了，唐平因为出色的工作能力，又获得了一个大企业的赞同，因此得到了一份让人羡慕的工作。

朋友和家人都很惊讶，为什么唐平能做到这些。唐平说："这些

灾难，当然也对我产生了影响。可是当我难过过后，我就会对自己说：没什么过不去的。我能从大地震中幸存，就说明了上天对我很眷顾，想看到我积极的一方面。所以，我为什么要活在悲伤中不可自拔？我不能辜负上天对我的厚待！"

换成是我们，能做到唐平这个样子吗？其实，将痛苦转化为正能量，有时候就这么简单。每天起来，对着镜子告诉自己："没有什么能击倒我，只要我能积极一点，这些困难反而会帮助我点燃自信和激情，体验挑战的乐趣！"这样一来，你不就做到了灿烂涅槃吗？

巴尔扎克曾说过："痛苦对于天才是一块垫脚石，对于能干的人是一笔财富。"的确，痛苦就是我们的财富，它让我们的心灵更充实，推动着我们不断前进。当我们意识到了这一点，那么所有的坏情绪，就会在1分钟内得到转化！